Bhushan Wanjari
Kamlesh Chandewar
Pooja Bagmare

Qualidade do leite condensado

Bhushan Wanjari
Kamlesh Chandewar
Pooja Bagmare

Qualidade do leite condensado

A metodologia e a avaliação

ScienciaScripts

Imprint
Any brand names and product names mentioned in this book are subject to trademark, brand or patent protection and are trademarks or registered trademarks of their respective holders. The use of brand names, product names, common names, trade names, product descriptions etc. even without a particular marking in this work is in no way to be construed to mean that such names may be regarded as unrestricted in respect of trademark and brand protection legislation and could thus be used by anyone.

Cover image: www.ingimage.com

This book is a translation from the original published under ISBN 978-620-7-46169-1.

Publisher:
Sciencia Scripts
is a trademark of
Dodo Books Indian Ocean Ltd. and OmniScriptum S.R.L publishing group

120 High Road, East Finchley, London, N2 9ED, United Kingdom
Str. Armeneasca 28/1, office 1, Chisinau MD-2012, Republic of Moldova, Europe
Managing Directors: Ieva Konstantinova, Victoria Ursu
info@omniscriptum.com

Printed at: see last page
ISBN: 978-620-8-39440-0

Conteúdo

Reconhecimento

O sucesso não é possível sem o envolvimento de muitas mentes e mãos para o embelezar. Mais palavras não podem exprimir adequadamente os sentimentos de uma pessoa, porque então os sentimentos transformam-se em mais formalidades. Mas as formalidades têm de ser cumpridas. Os meus agradecimentos são muitos mais do que aquilo que estou a expressar aqui.

As pessoas mais felizes não têm o melhor de tudo; apenas fazem o melhor de tudo, tal como o falecido Dr. Baba sahib Amte, o verdadeiro trabalhador da luz e uma inspiração para o mundo atual. A sua dedicação ao trabalho mostrou-nos o verdadeiro significado da vida.

Considero ser um privilégio orgulhoso expressar o meu estimado e profuso sentimento de gratidão ao presidente do meu comité consultivo, Dr. S. G. Gubbawar, Professor Assistente da Secção de Criação Animal e Ciência dos Produtos Lácteos, Faculdade de Agricultura, Nagpur, pelos seus cuidados, sugestões especializadas e valiosas, esforços meticulosos, críticas construtivas soberbas, ideias inovadoras e encorajamento constante durante todo o curso desta investigação. A sua orientação e o seu encorajamento sustentaram-me sempre e ajudaram-me muito nos estudos e no projeto de investigação. A sua atitude otimista e as suas elevadas expectativas motivaram-me sempre a tentar fazer o melhor possível.

Os pais ensinam-nos a sonhar, a tentar com os pés no chão e a vista no céu. Penso que as palavras são insuficientes para exprimir o meu sentimento de gratidão à minha mãe, Sra. Dewki, ao meu pai, Sr. Soniram Wanjari, e ao meu irmão Hansraj, pelas suas bênçãos e orientações que me impulsionaram a ir sempre em frente.

Por último, agradeço a todos os autores que me ajudaram direta e indiretamente a concluir este livro com sucesso.

Bhushan. S. Wanjari

RESUMO

A presente investigação sobre a "Qualidade do Khoa (leite condensado) vendido no distrito de Bhandara" foi realizada durante o ano de 2014-15. O objetivo da presente investigação era estudar a qualidade sensorial e química e descobrir a adulteração do amido no khoa vendido no distrito de Bhandara.

As amostras de khoa do mercado foram colhidas em quatro fontes: a leste, a oeste, a norte e a sul do distrito de Bhandara. No total, 60 amostras foram submetidas a avaliação sensorial e físico-química. De cada fonte, foram analisadas 15 amostras durante três noites fortes e 5 amostras de cada fonte foram analisadas em cada quinzena. Estas amostras de khoa foram selecionadas pelo método de amostragem aleatória estratificada. Utilizou-se a análise de variância - classificação bidirecional.

A pontuação global da qualidade sensorial do khoa das regiões leste, oeste, norte e sul foi de 80,67, 86,37, 87,23 e 81,67 por cento, respetivamente. Observou-se uma pontuação mais elevada no khoa da região norte. Este resultado demonstrou que a qualidade sensorial do khoa da região norte era boa do que a do khoa das regiões leste, oeste e sul, cuja qualidade era razoável.

As amostras de khoa das regiões leste, oeste, norte e sul continham, em média, 28,77, 29,78, 30,98 e 28,65 por cento de humidade, 24,7, 26,06, 23,84 e 30,53 por cento de gordura, 16,24, 16.88, 18,77 e 17,98 por cento, cinzas 4,25, 3,74, 4,09 e 3,40 por cento, sólidos totais 71,20, 70,21, 69,01 e 71,34 por cento, acidez titulável 0,68, 0,68, 0,59, 0,70 por cento, respetivamente. A adulteração do amido foi mais detectada no khoa das regiões leste, oeste e sul. No entanto, o khoa da região norte dá um teste positivo para o amido em apenas uma amostra, pelo que o khoa da região norte é superior aos outros no que respeita à adulteração do amido.

Capítulo I

INTRODUÇÃO

1.1 Informações de base

O leite foi reconhecido como um alimento completo pelos nutricionistas de todo o mundo. Contém todos os ingredientes e nutrientes necessários ao crescimento e à saúde do ser humano. A ciência moderna, bem como os antigos textos e escrituras indianas, estão cheios de referências que elogiam a virtude do leite. É um alimento completo. Os textos indianos descrevem o leite como o elixir da vida ou Amrita.

O sector dos lacticínios na Índia registou um desenvolvimento notável na última década e a Índia tornou-se agora o maior produtor de leite e de produtos lácteos com valor acrescentado do mundo. A Índia registou um crescimento impressionante na produção de leite, atingindo uma produção anual de 132,43 MT no ano 2012-2013, enquanto em Maharashtra a produção anual de leite é de 8,73 MT. O Uttar Pradesh é o principal estado na produção de leite, com 23 330 MT. A Índia é um dos maiores mercados mundiais de leite e de produtos lácteos e o seu crescimento é mais rápido (Anonymous 2012-2013).

No sector dos lacticínios indiano, a produção de leite durante o ano de 2013-2014 está estimada em 140 milhões de toneladas (MT), de acordo com dados do NDDB. O NDDB está a executar o programa "Plano Nacional de Lacticínios" para aumentar a produção de leite de modo a satisfazer a procura crescente, que se estima ser de cerca de 200 MT até 2021-22. (Anónimo 2013-14).

O leite tem sido utilizado como artigo alimentar desde os tempos antigos na Índia. Desempenha um papel importante na dieta. Na Índia, a quota do leite e dos seus produtos é a maior depois dos cereais e representa 16% do total das despesas alimentares (Maheshkumar 2010). De acordo com a Organização das Nações Unidas para a Alimentação e a Agricultura (FAO, 1999), a Índia tornou-se a maior nação produtora de leite do mundo, ultrapassando os EUA (Maheshkumar 2010).

A crescente competitividade desencadeada pela organização mundial do comércio tornou os mercados mundiais de produtos lácteos cada vez mais complexos. Todos os anos, um grande número de novos produtos alimentares é introduzido no mercado em resposta à escolha dos consumidores, que procuram produtos deliciosos que sejam novos, mas naturais, com um toque de mistério e classe. Num dos extremos do espetro está o mercado de produtos de preço elevado.

O leite e os produtos lácteos contêm vários nutrientes, como proteínas animais, vitamina A, lactose, etc. Contém gordura láctea que gera quase 2,5 vezes mais energia do que qualquer outro produto alimentar. A maioria da população é vegetariana e, para ela, o leite e os produtos lácteos são uma das principais fontes de proteína animal.

Entre os produtos lácteos indígenas indianos, o Khoa é um produto lácteo concentrado. É muito rico em sólidos totais e, por conseguinte, um alimento altamente nutritivo na dieta dos seres humanos. De acordo com o Indian Standard Institute, o khoa não deve conter menos de 28% de humidade e menos de 26% de gordura, em relação à matéria seca. O khoa é um importante produto intermédio de base para uma variedade de doces. (kurand, 2011).

O khoa e os doces de leite à base de khoa são um bom meio de conservar e preservar os excedentes de sólidos do leite. O khoa é de grande importância para as confeitarias (Karthikeyan, 2013). A produção anual de leite da Índia é superior a 132,43 MT; quase 54% do total de leite produzido na Índia é utilizado para o fabrico de uma variedade de produtos lácteos tradicionais.

1.2 Importância do estudo

O leite e os produtos lácteos constituem componentes nutricionais importantes, servindo como fonte de proteínas de primeira classe, especialmente para crianças e vegetarianos. Fornece os elementos mais essenciais, como o cálcio e o fósforo, juntamente com numerosas outras substâncias essenciais maiores e menores (Karthikeyan, 2013).

O valor nutritivo do khoa é muito elevado. Contém quantidades bastante elevadas de proteínas de construção muscular, minerais de formação óssea e gordura e lactose que fornecem energia. Espera-se também que retenha a vitamina A e a vitamina B12, solúveis em gordura, e também quantidades bastante grandes de vitamina B solúvel em água contida no leite original. O fabrico e a utilização de khoa assumiram grande importância no nosso país.

O Khoa é um importante produto lácteo indígena, utilizado como matéria-prima para uma variedade de doces, como burfi, peda, gulabjamun, bolo de leite, kalakand, kunda, etc. Convencionalmente, é preparado através da fervura contínua do leite num karahi aberto até se obter a concentração desejada (normalmente 65-72% de sólidos totais) e a textura desejada.

A procura de leite e de produtos lácteos no distrito de Bhandara (MS), bem como na cidade, é elevada e está a aumentar rapidamente de dia para dia. Na cidade, os grossistas, os halwais, os hoteleiros, etc., preparam khoa (leite condensado) comprando leite a leiteiros de diferentes zonas, enquanto outros compram khoa pronto a consumir a produtores das zonas circundantes, ou seja, de Pauni, Jawaharnagar e da cidade de Bhandara (fábrica de lacticínios Jain, fábrica de lacticínios Sanjay, fábrica de lacticínios Janta, Limje khoa Shop, etc.). A principal atividade de compra de khoa em Bhandara está nas mãos de alguns comerciantes grossistas e retalhistas.

1.3 Objectivos do estudo

O presente inquérito sobre a "Qualidade do Khoa vendido no distrito de Bhandara (MS)" foi realizado com os seguintes objectivos

1. Estudar a avaliação sensorial do khoa vendido no distrito de Bhandara.
2. Avaliar a qualidade química do khoa.
3. Para detetar a adulteração do khoa.

1.4 Hipótese

A introdução de tecnologias de processamento modernas para a produção em grande escala de produtos lácteos indianos, incluindo mithais (doces), proporcionou uma oportunidade ao sector leiteiro organizado para expandir o seu mercado e assegurar a estabilidade financeira e um crescimento constante. Esta evolução está também a ter um efeito de arrastamento sobre os empresários do sector tradicional dos produtos lácteos, que estão a modernizar os seus antigos métodos de fabrico de mithai e a apresentar novas formalidades para os produtos. O sector dos produtos lácteos tradicionais desempenhará um papel vital na utilização de valor acrescentado da produção de leite em rápido crescimento no país (Aneja *et al.*2002).

A adulteração de alimentos está a crescer rapidamente em todo o mundo como uma indústria. O mercado mundial de produtos adulterados e falsificados é superior a várias centenas de milhares de milhões de dólares, o que representa mais de 10% do comércio total. O mercado indiano constitui mais de 30 por cento desse comércio e está a crescer muito rapidamente no dia a dia. Por conseguinte, foi efectuado um estudo sobre a adulteração de khoa no mercado do distrito de Bhandara.

O presente estudo será muito eficaz para futuras investigações, a fim de minimizar a adulteração substancial do leite e dos produtos lácteos em geral e do khoa em particular. Por conseguinte, o presente estudo tem por objetivo obter informações e uma ideia comparativa das qualidades químicas e sensoriais e da adulteração do khoa vendido no distrito de Bhandara.

1.5 Âmbito de aplicação e limitações

Âmbito de aplicação

Tendo em conta o significado nutricional e a importância económica do khoa, torna-se essencial descobrir e verificar as qualidades químicas e organolépticas do khoa, uma vez que o khoa é um produto lácteo importante utilizado em todas ou em muitas ocasiões especiais. É consumido por pessoas de todas as faixas etárias, desde bebés a idosos. É também utilizado como produto de base intermédio para uma variedade de doces. Ao determinar a composição química do khoa, ou seja, humidade, gordura, proteína, cinzas, percentagem de acidez titulável, sólidos totais, etc., obteremos informações sobre a utilidade do produto. Obteremos informações sobre a utilidade do khoa.

Durante o transporte, a armazenagem e o manuseamento geral, ocorrem algumas alterações no khoa que podem levar à contaminação, tornando-o impróprio para consumo, pelo que é importante verificar as suas qualidades organolépticas. Atualmente, alguns grossistas, halwai, etc., adulteram o khoa com amido, maida, etc., para obterem mais lucros. Para que o khoa não seja adulterado e seja adequado para consumo, é importante verificar a sua adulteração.

De acordo com a regra da PFA (1968), o khoa deve conter padrões mínimos e máximos de diferentes composições, ou seja, humidade, proteína, gordura, cinzas, etc.

No distrito de Bhandara, em Maharashtra, a preparação e comercialização de khoa (leite condensado) é a principal atividade dos produtores de leite rurais e quase todo o khoa é escoado no distrito de Bhandara. Não foi efectuado qualquer trabalho para avaliar a qualidade do khoa comercializado nestes mandis. Por conseguinte, foi efectuado um estudo sobre a qualidade química, sensorial, textural e a adulteração do khoa comercializado no distrito de Bhandara.

Limitação

Os resultados obtidos durante o inquérito dependem das amostras representadas de khoa de um determinado momento ou período, de tempo a tempo, de lote a lote e de lote a lote e de condição a condição, ou seja, da disponibilidade de khoa.

Capítulo II

REVISÃO DA LITERATURA

O Khoa tem grande importância na nossa indústria de lacticínios, uma vez que tem uma importância económica e um valor dietético consideráveis. É o principal ingrediente de base na preparação de vários doces. No passado, foram realizados estudos sobre a composição química e as qualidades sensoriais do khoa, o que canaliza os esforços dos investigadores na direção desejada.

Foi feita aqui uma tentativa de rever a literatura sobre as qualidades físico-químicas e a adulteração do khoa, que foi apresentada na sequência seguinte.

2.1 Avaliação sensorial do khoa

2.2 Composição química do khoa

2.3 Adulteração de khoa

2.4 Avaliação sensorial do khoa

Ramjan e Rehman (1973) referiram que as amostras armazenadas a 5^0 C eram melhores do que as armazenadas à temperatura ambiente e que o khoa embalado em frascos de vidro apresentava a melhor qualidade à temperatura ambiente.

De (1980) referiu que é necessário um nível mínimo de gordura de 4% no leite de vaca e de 5% no leite de búfala para se obter um corpo e uma textura desejáveis no khoa.

Narain e Singh (1881) recolheram amostras de khoa do mercado de 3 distritos da cidade de Varanasi de novembro de 1975 a fevereiro de 1976 e compararam-nas com amostras de controlo preparadas em laboratório a partir de leite de vaca (5,1% de gordura), leite de búfala (6,7% de gordura), ou uma mistura 50:50 dos leites. As propriedades físicas examinadas foram o aspeto geral, o corpo e a textura, o sabor e a aptidão para o fabrico de doces.

Pal e Gupta (1985) referiram que o khoa de boa qualidade deve ter uma cor esbranquiçada uniforme, um sabor suave a cozinhado e uma textura ligeiramente granulosa.

Ghatak e Bandopadhyay (1989) referiram que 57 amostras de khoa obtidas de comerciantes de doces a retalho em Calcutá entre junho e dezembro de 1986 e examinadas, apresentavam sobretudo uma boa textura e qualidade organoléptica.

Atributos de qualidade	**Amostras de Khoa**
Cor	Amarelo pálido (14), Branco (22), Cinzento (11).
Aspeto, corpo e textura	Superfície húmida (43), Superfície seca (14), Duro e granular (7), Duro e liso (26), Macio e liso (13).
Aroma	Normal (52), Plano (3), Rançoso (2)

Rajorhia *et al.* (1990) efectuaram um estudo sobre o efeito da qualidade do leite nas propriedades químicas, sensoriais e reológicas do khoa. As amostras de khoa preparadas a partir de leite fresco e ligeiramente azedo (até 0,20% de acidez) tinham propriedades sensoriais e reológicas semelhantes. O leite azedo com mais de 0,25% de acidez resultou num cheiro ácido e na formação de grãos grandes no khoa. Estas amostras apresentaram dureza, elasticidade, gomosidade e mastigabilidade máximas.

Patel *et al.* (1992) estudaram as caraterísticas texturais de amostras comerciais de Gulab - jamun. As amostras comerciais, que variavam na qualidade global da textura, apresentavam grandes variações no perfil de textura e nos descritores sensoriais de textura. A esponjosidade e a suculência, embora presentes em intensidade moderada no produto que apresenta uma qualidade de textura elevada, foram consideradas os atributos desejáveis, enquanto a crocância e a gomosidade foram consideradas menos desejáveis.

Gothwal e Shukla (1995) relataram que a farinha de trigo refinada (maida) a uma concentração de 8% aumenta o índice de escurecimento (20 -22%) durante o tratamento térmico do leite de vaca e de búfala. A uma concentração de 10% de maida causa um aumento no índice de escurecimento no burfi (13%), kalakand (13%), pedha de leite e bolo de leite (18%). O açúcar adicionado a 15-35% com base no peso de khoa produziu menos escurecimento no burfi e kalakand comparado com o de 4%. Um maior teor de sólidos totais tende a aumentar o acastanhamento nas preparações de doces à base de khoa e khoa.

Verma e Dodeja (2000) estudaram que o khoa produzido por sistema contínuo teve uma pontuação um pouco menor para sabor e corpo e maior para textura em comparação com o método tradicional. O khoa produzido pelo método tradicional tinha grãos duros e grandes, que são indesejáveis para o fabrico de doces, ao passo que o khoa produzido pelo processo contínuo era muito macio e tinha grãos uniformes, o que tem potencial para o fabrico de burfi e outros doces.

Vijayalaxmi e Tamilarasi Murugesan (2001) estudaram o perfil das qualidades organolépticas e microbianas de quatro produtos lácteos comerciais, nomeadamente leite aromatizado, leitelho, manteiga e khoa doce durante o armazenamento a 68^0 C. em termos das suas qualidades organolépticas.

Chavan e Kulkarni (2007) estudaram a utilização da radiação solar na conservação de produtos lácteos, a radiação solar foi transmitida ao khoa através de alguns meios, a fim de prolongar o seu prazo de validade à temperatura ambiente (32 a 37^0 C). Influência da radiação solar através de vidro liso (S1) e lente convexa (S2) e potências de aquecimento por micro-ondas (variando de 40% a 60%) durante 60 a 80 segundos nas qualidades microbiológicas, químicas e sensoriais do khoa fresco.

Kulkarni e Hembade (2010) estudaram a qualidade sensorial do khoa preparado a partir de leite de vaca e leite de búfala misturado com amostras comercializadas no distrito de Beed. Observaram que a pontuação global de aceitabilidade da amostra de khoa de Ambajogai, Dharur, Wadawani e Kij era superior à de outra amostra de taluka. Tinha uma cor esbranquiçada e baça, com aspeto oleoso, corpo macio e textura suave. Esta amostra de khoa tinha um cheiro rico e um sabor ligeiramente doce. Este khoa é adequado para a preparação de vários doces.

Dande *et al.* (2011) concluíram que o khoa obtido a partir de leite de vaca com 4,0 de gordura e 8,5 de sólidos lácteos não gordurosos, tanto pelo método solar como pelo tradicional. Um produto de qualidade uniforme no que diz respeito ao sabor, corpo e textura, cor e aparência, aceitabilidade geral e qualidade química foi obtido pelo método solar, enquanto que pelo método tradicional foi obtido um produto ligeiramente castanho, granuloso e com baixa humidade.

Kurand *et al.* (2011) estudaram a qualidade química e sensorial e descobriram a adulteração do amido de khoa vendido no distrito de Washim. Foram recolhidas 90 amostras de três fontes de mercado, *ou seja,* Washim, Karanja e Risod. O estudo indicou que o khoa produzido e comercializado em Washim tinha melhor qualidade química do que o khoa de Karanja e Risod. Observou-se também que o khoa produzido e comercializado em Washim tem uma boa qualidade sensorial do que o khoa de Karanja e Risod.

Shete *et al.* (2011) avaliaram as qualidades sensoriais de diferentes amostras de burfi vendidas nos mercados de Ahmednagar por um painel de juízes semi-treinados com a ajuda de uma escala hedónica de "9" pontos. Foram consideradas as qualidades sensoriais do burfi, nomeadamente a cor e o aspeto, o corpo e a textura, o sabor e a aceitabilidade global. Tendo em conta todas as caraterísticas, o painel de jurados gostou muito da amostra de burfi (T3), tal como das restantes amostras, enquanto a amostra de burfi simples (T1) foi a menos apreciada.

Kulkarni e Hembade (2012) recolheram 55 amostras de khoa em 11 talukas do distrito de Beed, no estado de Maharastra. As amostras foram armazenadas durante 2, 4 e 6 dias à temperatura ambiente e 6, 8 e 10 dias a 5^0 C. Com base na avaliação sensorial, na qualidade microbiana e na acidez das amostras, concluiu-se que as amostras eram aceitáveis durante 2 dias à temperatura ambiente e 10 dias a 5^0 C.

Yawale e Rao (2012) efectuaram um estudo sobre o desenvolvimento de uma mistura de Gulab jamun à base de pó de khoa. Neste estudo, o pó de khoa foi utilizado como material de base em vez de SMP na mistura de Gulab jamun. Foi estudado o efeito dos níveis de Maida e fermento em pó na mistura de Gulab jamun à base de pó de khoa (KPGMP) nas caraterísticas sensoriais e texturais do Gulab jamun. Foram experimentadas diferentes proporções de khoa em pó e Maida: 80:20, 70:30 e 60:40. Destes, a utilização de 30 partes de Maida deu o melhor corpo e textura, sabor e maior aceitabilidade global do Gulab jamun. Além disso, a incorporação de fermento em pó a 0,5 partes deu a melhor qualidade de Gulab jamun com textura granular macia e uniforme.

Kakade *et al.* (2013) estudaram a qualidade físico-química e sensorial do khoa vendido na cidade de Nagpur. Foram recolhidas 60 amostras de quatro fontes. A pontuação global da qualidade sensorial do khoa de Nagpur Leste, Oeste, Norte e Sul foi de 86,97, 82,31, 83,13 e 81,57 em 100, respetivamente. O khoa produzido e comercializado na região ocidental da cidade de Nagpur tinha melhor qualidade físico-química do que o khoa da região oriental, setentrional e meridional de Nagpur, que era razoável, mas muito inferior ao do Bureau of Indian Standards (Anónimo, 1968) e apresentava um sabor ácido e a queimado, com textura farinhenta a arenosa, presença de matérias estranhas visíveis e aspeto ligeiramente bolorento.

Kumar (2014) estudou o efeito da incorporação de soro de leite concentrado e hidrolisado com lactose na qualidade sensorial do khoa. No presente inquérito, tentou-se utilizar soro de leite concentrado e lactose hidrolisada na preparação de khoa. Os resultados mostraram que a adição de 1,0% de enzima lactase ao soro de leite concentrado (20%TS) e incubado a 45° C durante 120 minutos resultou em 74% de hidrólise da lactose. A utilização de soro de leite concentrado e hidrolisado com lactose (CLHW) aumentou a doçura, a suavidade e a granularidade do khoa. O khoa preparado com a incorporação de 20% e 30% de CLHW mostrou maior acastanhamento em comparação com o khoa com 10% de CLHW e o khoa de controlo. Todos os parâmetros sensoriais do khoa feito com a incorporação de 10% de CLHW com 30% de humidade não foram significativos em relação ao khoa de controlo com 35% de humidade.

Banjare *et al.* (2015) efectuaram um estudo sobre os atributos de qualidade química, textural e sensorial de amostras de Peda produzidas no mercado e em laboratório. As amostras de Peda de mercado foram recolhidas em diferentes regiões da cidade de Raipur e, simultaneamente, uma amostra de Peda foi preparada em laboratório a partir de khoa. Os estudos sensoriais dessas amostras analisadas de mercado e de laboratório revelaram que nas caraterísticas sensoriais viz. sabor, cor e aparência, corpo e textura e pontuação total mostraram diferença significativa (P <0,01) entre as amostras de peda.

2.5 Composição química do khoa

Dastur e Lakhani (1971) analisaram 30 amostras de khoa de lojas locais em

Poona e indicaram que a composição média era de 25,86% de humidade, 27,24% de gordura, 25,58% de proteínas e 3,36% de cinzas.

Ghodekar *et al.* (1974) realizaram um estudo sobre as amostras comerciais de khoa e observaram que, em média, continha 27% de gordura, 19% de proteínas, 25% de lactose, 23,34% de humidade e nenhuma sacarose.

Zariwala *et al.* (1974) recolheram 551 amostras de khoa do mercado de Bombaim durante um período de 4 anos. Verificaram que o teor de gordura das amostras variava de 13,49 a 36,00 por cento, com uma média de 27,14 por cento. O teor de humidade das amostras também variava muito, de 11,39 a 44,60 por cento, com uma média de 28,13 por cento. Do mesmo modo, o teor de lactose variava de 9,88 a 28,97 por cento, com uma média de 17,67 por cento.

Rajorhia e Srinivasan (1979) recolheram amostras de khoa no mercado local e analisaram a sua qualidade química. Verificaram que havia variação nos constituintes consoante a qualidade do leite utilizado, o método de preparação, o manuseamento do produto, a duração da armazenagem, etc., o que resultava no incumprimento das normas legais mínimas exigidas.

Narain e Singh (1881) recolheram amostras de khoa do mercado de 3 distritos da cidade de Varanasi e compararam-nas com amostras de khoa fabricadas em laboratório. As amostras de khoa do mercado continham teores de humidade (P inferior a 0,01) e de proteínas (P inferior a 0,05) significativamente mais elevados do que as amostras de controlo. O teor de gordura do khoa do mercado era significativamente mais baixo (P inferior a 0,05) do que o do khoa de leite de búfala, mas não diferia significativamente das outras amostras de controlo. O teor de lactose do khoa do mercado foi significativamente mais baixo e o teor de Fe foi significativamente mais elevado (P inferior a 0,01) do que o do leite de vaca ou do khoa de leite misto. Os teores de cinzas, Ca e P não diferiram entre as amostras de khoa do mercado e de controlo. Muitas amostras de khoa do mercado não estavam em conformidade com as especificações da Indian Standards Institution no que diz respeito aos teores de humidade e gordura.

Kumar e Srinivasan (1982) efectuaram um estudo comparativo da qualidade química de três tipos de khoa, nomeadamente leite de vaca, leite de búfala e khoa fresco do mercado e observou que

Constituinte	Amostras de Khoa obtidas a partir de (% média)		
	Leite de vaca	**Leite de búfala**	**Amostras de mercado**
Humidade	30.92	22.32	28.36
Sólidos totais	69.07	77.66	71.62
Gordura	22.00	32.19	24.58
Proteína	19.12	17.73	19.04

Cinzas	3.72	3.71	3.60
Acidez titulável	0.52	0.35	0.50

Sharma e Lavanta (1987) analisaram 50 amostras de khoa (35 do mercado e 15 laboratórios efectuados) para a determinação da acidez titulável. Os valores médios de acidez para os produtos frescos

As amostras de khoa e as amostras de khoa após 96 horas de armazenamento foram de 0,198 e 0,492 por cento, respetivamente. Os valores correspondentes para as amostras de khoa de laboratório foram de 0,375 a 1,154 por cento. A principal razão para os valores de acidez mais baixos nas amostras de khoa do mercado, tal como relatado por eles, parece dever-se à presença de alúmen que diminui a acidez do khoa.

Ghatak e Bandyopadhyay (1989) recolheram 57 amostras de khoa da grande Calcutá e avaliaram a qualidade química dessas amostras de khoa, tendo declarado o seguinte

Caraterísticas	**Mínimo %.**	**Máximo. %**	**Média %**
Humidade	23.8	32.7	26.3
Gordura	17.6	27.3	26.3
Proteína	21.6	23.3	22.8
Lactose	19.4	21.2	20.8
Cinzas	3.57	3.85	3.71
Acidez titulável	0.23	0.78	0.58
Índice de peróxidos	0.06	0.18	0.13

Boghra e Mathur (1991) estudaram a qualidade química de alguns produtos lácteos indígenas comercializados e a composição mineral do khoa. Recolheram 40 amostras de khoa em 5 lojas diferentes da cidade de Karnal e analisaram os minerais. Verificou-se uma diferença notável nos teores de magnésio, fósforo

Foi observada uma variação significativa do teor de cálcio entre as lojas e do teor de zinco entre as amostras. As amostras de khoa do mercado continham (mg/100 g) cálcio 654,00, magnésio 66,67, fósforo 376,55, citrato 517,36, sódio 182,88, potássio 368,00, cloreto 331,65, cobre 0,16, ferro 2,43 e zinco 2,43.

Aneja (1992) referiu que o leite de vaca khoa contém 25% de humidade, 25,7% de gordura, 19,2% de proteínas, 25,5% de lactose, 3,8% de cinzas e 103 ppm de ferro.

Srivastva (1993) referiu que a composição química do leite de vaca e do leite de búfala khoa é a seguinte

Tipo de leite	**Humidade**	**Gordura**	**Proteína**	**Lactose**	**Cinzas**	**Ferro**
Leite de vaca	25.6	25.7	19.2	25.5	3.8	103

Leite de búfala	19.2	37.1	17.8	22.1	3.6	101

Boghra e Mathur (1996) analisaram amostras colhidas em várias fases da preparação de khoa a partir de leite de búfala e de vaca, revelando uma diminuição gradual e acentuada do teor de humidade, sendo mais pronunciada (cerca de 33%) entre o leite e a fase de coagulação, cerca de 15% nas fases intermédias (I e II) e cerca de 4-5% entre o dhap de simulação e o khoa final de ambas as espécies. Isto resultou num aumento simultâneo de 4-6 vezes nas proteínas, gorduras, lactose e sais do leite. O rácio de concentração dos principais constituintes foi mais elevado em todas as fases da conversão do leite de vaca em khoa.

Moulick *et al.* (1996) recolheram 35 amostras de kalakand de diferentes partes de Calcutá e 10 amostras de leite de vaca e de búfala fabricadas em laboratório e avaliaram-nas como estudo comparativo da qualidade do kalakand comercializado e fabricado em laboratório. A composição é a seguinte

Constituinte	**Kalakand comercializado (%)**	**Kalakand fabricado em laboratório**	
		Leite de vaca	**Leite Buffalow**
Sólidos totais	63.66 -77.10	57.50 - 34.66	72 - 79.54
Gordura total	4.46 - 27.81	21.45 - 23.92	28.72 - 32.36
Proteína	11.05 - 15.30	15.10 - 15.64	16.10 - 16.95
Cinzas	1.64 - 3.16	2.31 - 2.60	2.67 - 2.85
Acidez titulável	0.40 - 0.76	0.48 - 0.55	0.45 - 0.51

Aneja (1997) descobriu que as amostras de khoa de leite de vaca e de búfala continham 25,6 e 19,2 por cento de humidade, 25,7 e 37,1 por cento de gordura, 19,2 e 17,8 por cento de proteínas, 25,5 e 22,1 por cento de lactose, 3,8 e 3,6 por cento de cinzas, respetivamente.

Karale (2000) estudou a qualidade química e o prazo de validade do khoa preparado a partir de leite de vaca com elevada acidez. Observou a seguinte composição química do khoa de leite de vaca fresco, do khoa de leite de vaca com elevada acidez e do leite de vaca neutralizado.

Componente (%)	**Leite de vaca fresco khoa**	**Leite de vaca com elevada acidez khoa**	**Leite de vaca neutralizado khoa**
Humidade	26.18	23.11	21.48
Gordura	25.18	26.72	21.69
Proteína	19.72	19.67	19.32
Cinzas	3.68	3.41	03.85
Sólidos não gordos	48.64	50.17	56.83
Sólidos totais	73.82	76.89	78.52
Acidez	0.446	0.598	0537

Singh *et al.* (2003) recolheram cinquenta e seis amostras de khoa de mercado das lojas de doces a retalho, de forma aleatória, dividindo a cidade de Agra em sete zonas que foram analisadas. A maioria das amostras de Khoa do mercado reflectia atributos químicos relativamente baixos, exceto a humidade e as cinzas, que eram comparativamente mais elevadas nas amostras do mercado do que no controlo. Embora a maioria das amostras de Khoa do mercado apresentasse uma qualidade físico-química aceitável e estivesse dentro dos padrões legais.

Rao *et al.* (2004) recolheram 20 amostras de khoa, burfi, rasogolla, gelado, manteiga, ghee e alimentos lácteos para bebés em agências de comercialização distintas na cidade de Hyderabad e analisaram a qualidade química e possíveis adulterações. Todas as amostras provenientes de fábricas de lacticínios cooperativas e a maioria das amostras provenientes de fábricas de lacticínios privadas cumpriam as normas legais mínimas, ao passo que as amostras provenientes de sectores não organizados (vendedores, lojas de doces e pequenos comerciantes) não cumpriam os requisitos legais mínimos.

PFA (2005), de acordo com as regras da PFA, o khoa é classificado com base no teor de humidade, gordura, proteínas, lactose, cinzas, sólidos totais e ferro.

Componentes	**Composição do khoa de leite de vaca**
Humidade	24.8
Gordura	25.7
Proteína	19.2
Lactose	25.5
Cinzas	3.8
Sólidos totais	74.2
Ferro	139 ppm

Sharma (2006) comunicou a composição química do khoa, que é a seguinte

Sr. Não.	**Tipo de amostra**	**Sólidos totais (%)**	**Gordura (%)**	**Proteína (%)**	**Lactose (%)**	**Cinzas (%)**
1	Pindi	65.0	22.5	19.5	19.4	3.5
2	Danedar	61.5	20.9	18.4	18.9	3.4
3	Dhap	56.0	19.4	17.1	16.7	2.9
4	Laboratório	66.1	22.4	19.6	20.3	3.0

Shintre (2005) recolheu 90 amostras de khoa da cidade de Akola e estudou a sua qualidade química e sensorial. Verificou-se que as amostras de khoa de Akola, Nandura e Melghat continham, em média, 27,20, 30,10 e 30,08 por cento de humidade, 27,70, 22,50 e 23,29 por cento de gordura, 18,89, 18,67 e 17,26 de proteína, 21,74, 19,20 e 21,10 por cento de lactose, 3,91, 4,06 e 21,10 por cento de cinzas, 4,06 e 21,10 por cento de lactose.74, 19.20, e 21.10 por cento, cinzas 3.91, 4.06, e 3.47 por cento, sólidos totais 72.80, 69.89, 69.92 por cento, SNF 44.90, 47.56, e 46.63 por cento, acidez titulável 0.597, 0.692 e 0.690 por cento respetivamente. A qualidade sensorial global foi de 90,26, 83,37 e 82,22, respetivamente.

De (2008) classificou o khoa com base na gordura, na humidade e na percentagem de sólidos totais.

Tipo de khoa	**Percentagem da composição bruta**		
	Gordura	Humidade	Sólidos totais
Pindi	21 - 26	31- 33	67-69
Dhap	20- 23	37- 44	56-63
Danedar	20 - 25	35-40	60-65

Maheshkumar (2010) referiu que foram identificados principalmente três tipos comerciais de khoa, nomeadamente pindi, dhap e danedar, que diferem em termos de composição, textura e qualidade.

Kurand *et al.* (2011) estudaram a qualidade química e sensorial e descobriram a adulteração do amido de khoa vendido no distrito de Washim. Foram recolhidas 90 amostras de três fontes de mercado, *ou seja,* Washim, Karanja e Risod. Verificou-se que as amostras de khoa de Washim, Karanja e Risod continham, em média, 27,20, 30,10 e 30,08 por cento de humidade, 27,70, 22,50 e 23,29 por cento de gordura, 18,89, 18,63d7 e 17,26 por cento de proteínas, 21,74, 19,20 e 21,10 por cento de lactose, 3.91, 4,06 e 3,47 por cento, sólidos totais 72,80, 69,89 e 69,92 por cento, sólidos não gordurosos 44,90, 47,56 e 46,63 por cento, acidez titulável 0,597, 0,692 e 0,690 por cento e ácidos gordos livres 0,629, 0,736 e 0,774 por cento, respetivamente.

Bajaj *et al.* (2013) recolheram 40 amostras de koha de mercado das lojas de doces a retalho de uma forma aleatória, dividindo a cidade em cinco zonas que foram analisadas. A maioria das amostras de koha do mercado reflectia atributos químicos relativamente mais baixos, exceto a humidade e as cinzas, que eram comparativamente mais elevadas nas amostras do mercado do que no controlo. No entanto, a maioria das amostras de koha do mercado tinha uma qualidade físico-química aceitável e estava bem abaixo das normas legais.

Kakade *et al.* (2013) estudaram a qualidade físico-química e sensorial do khoa vendido na cidade de Nagpur. Foram recolhidas 60 amostras de quatro fontes. Verificou-se que as amostras de khoa das regiões Este, Oeste, Norte e Sul tinham, em média, um teor de humidade de 29,21, 27,38. 28,98, e 30,44 por cento, gordura 30,39, 25,19, 24,26, e 22,65 por cento, proteínas 18,70, 16,06,

16,90, e 16,91 por cento, cinzas 3,39, 4,20, 4,04, 3,94 por cento e sólidos totais 70,99, 72,61, 71,60, e 69,04 por cento respetivamente.

Gate (2013) estuda a qualidade do khoa vendido na cidade de Wardha. Recolheu 60 amostras de quatro fontes de mercado diferentes e analisou as amostras para determinar os ingredientes químicos presentes, a qualidade sensorial e a adulteração. Estimou a percentagem média de humidade, gordura, proteínas, cinzas e sólidos totais presentes nas amostras. Avaliou também a sua avaliação sensorial em termos de sabor, corpo e textura, cor e aspeto.

Banjare *et al.* (2015) efectuaram um estudo sobre os atributos de qualidade química, textural e sensorial de amostras de peda feitas no mercado e em laboratório. Foram recolhidas amostras de peda de mercado em diferentes regiões da cidade de Raipur e, simultaneamente, foi preparada em laboratório uma amostra de peda a partir de khoa. Estas diferentes amostras de peda foram avaliadas com base na sua qualidade química. A composição química das diferentes amostras de peda tinha um teor de humidade, gordura, sólidos totais e acidez titulável que variava entre 12,22% e 23,34%, 12,26% e 22,58%, 76,67% e 87,78% e 0,37% e 0,63%, respetivamente.

2.6 Adulteração de khoa

Ghodekar *et al.* (1974) registaram que a adulteração com amido é de quase 60% do total de 245 amostras de Burfi, Peda e Khoa.

Zariwala *et al.* (1974) estudaram a qualidade química de um total de 551 amostras de khoa, obtidas de retalhistas na cidade de Bombaim entre 1966 e 1971. Não foi detectado amido em nenhuma das amostras, mas algumas tinham um sabor fraco, o que pode ter sido devido à presença de estabilizadores.

Sharma e Zariwala (1978) estudaram a qualidade química de produtos lácteos como khoa, burfi, pedha gulab-jamun, etc., nos mercados de Bombaim e da Grande Bombaim. Recolheram 550 amostras de khoa e examinaram vários constituintes químicos, que diferiam largamente em comparação com a norma prescrita pelo BIS. As amostras do mercado apresentavam uma textura granular dura, com um aspeto branco sujo ou cinzento e um sabor amargo ou salgado, o que pode dever-se à utilização de leite com elevada acidez ou à adição de neutralizadores ou estabilizadores ou ao facto de o produto ser velho. Verificou-se igualmente que as amostras de khoa comercializadas continham amido, como demonstrado por um teste de iodo positivo. Revelaram que a adulteração é galopante, com práticas sem escrúpulos, como a adição de ingredientes mais baratos aos produtos de confeitaria à base de khoa, a manutenção de uma elevada percentagem de humidade, etc.

Nasir *et al.* (1987) referiram que, na Índia, o khoa foi adulterado pela adição de Chhana, que são produtos lácteos coagulados com ácido. Distinguiram entre os dois produtos, khoa e Chhana, através da determinação do teor de lactose por métodos calorimétricos. Examinaram 30 amostras de valores do mercado local para o verdadeiro teor de lactose: khoa 15,8, Chhana 1,9, misturas de khoa e chhana 2,9-5,0.

Sharma e Lavanta (1987) referiram que, de 35 amostras de khoa, 4 amostras deram resultados positivos em termos de amido. O principal objetivo da sua adição era aumentar o teor total de sólidos e obter mais lucros.

Ghatak e Bandopadhyay (1989) estudaram a qualidade química do khoa, tendo recolhido 57 amostras de khoa de comerciantes de doces a retalho em Calcutá, entre junho e dezembro de 1986, e examinaram-nas para descobrir a adulteração do khoa, principalmente, o teste do iodo foi positivo em 5 amostras, o que indicava que estavam contaminadas com amido.

Rao *et al.* (2004) recolheram 20 amostras de khoa, burfi, rasogolla, gelado, manteiga, ghee e alimentos lácteos para bebés na cidade de Hydrabad. Algumas amostras de khoa, burfi e gelado foram consideradas adulteradas com amido, enquanto o óleo vegetal foi detectado como adulterante em algumas amostras comerciais de burfi e ghee.

Sharma *et al.* (2005) efectuaram um inquérito nos estados do norte da Índia (Haryana, Uttar Pradesh e Deli) para verificar a extensão da adulteração em amostras de mercado de paneer e khoa. Foi demonstrado que as amostras eram adulteradas com glucose, neutralizadores, amido.

O estatuto de adulteração do khoa é apresentado a seguir:

Estados	**N.º total de amostras de khoa**	**Amostras adulteradas**	**Adulterantes no khoa**			
			Ureia	**Amido**	**Açúcar**	**Neutralizador**
Haryana	100	37 (37%)	1	5	1	20
U.P.	38	22 (57.9%)	-	11	3	6
Delhi	30	16 (53.3%)	-	-	-	7
Total	**168**	**75 (44.6%)**	**1**	**16**	**4**	**33**

Kurand *et al.* (2011) estudaram a qualidade química e sensorial e descobriram a adulteração do amido de khoa vendido no distrito de Washim. Foram recolhidas 90 amostras de três fontes de mercado, *ou seja,* Washim, Karanja e Risod. A adulteração do amido foi detectada no khoa de Karanja e Risod.

Alauddin (2012) estudou o relatório do projeto nacional de tecnologia agrícola apoiado pelo Banco Mundial, tendo constatado que 27% das amostras de leite recolhidas em Uttar Pradesh, Haryana, Deli, Punjab e Rajasthan estavam adulteradas com um ou mais adulterantes. Em seguida, publica um relatório sobre a adulteração de géneros alimentícios durante esse período, no qual examina que, no Mawa (khoa) sintético, o óleo refinado ou o ghee vanaspati ou qualquer outro óleo, o papel mata-borrão, a Maida, o Suji, o leite em pó, a batata, a batata-doce, o arroz moído e a castanha em pó são utilizados como ingredientes adulterantes.

Kala (2012) determinou a composição em ácidos gordos do khoa, um produto lácteo dessecado pelo calor. Entre as amostras de khoa analisadas, 57% apresentaram ácidos gordos com caraterísticas de composição da gordura do leite. A relação entre os principais ácidos gordos saturados e os ácidos gordos insaturados (S/U), incluindo os ácidos gordos trans 18:1, foi calculada para todas as gorduras. Os perfis de GC de 43% das amostras de khoa mostraram a composição de ácidos gordos que não correspondem às gorduras do leite. As amostras de khoa adulteradas com matérias gordas não lácteas foram confirmadas pela estimativa do colesterol e dos triglicéridos.

Gate (2013) recolheu 60 amostras de khoa no mercado da cidade de wardha e submeteu-as a um teste de adulteração (teste do iodo para deteção de amido) no khoa. Concluiu que as amostras de khoa da região oeste não contêm amido, enquanto nas regiões leste, norte e sul as amostras de khoa contêm 9, 13 e 7 amostras, respetivamente, de 15 amostras cada.

Capítulo III

MATERIAL E MÉTODOS

O presente estudo sobre a avaliação das qualidades físico-químicas e sensoriais de amostras de khoa foi efectuado no laboratório de criação de animais e ciências leiteiras da Faculdade de Agricultura de Nagpur.

O estudo inclui o inquérito preliminar sobre o khoa vendido no distrito de Bhandara; as amostras de khoa do mercado foram recolhidas em diferentes regiões, nomeadamente nas regiões leste, oeste, norte e sul do distrito de Bhandara, utilizando questionários pré-testados. Estas amostras de khoa foram objeto de comparação no que diz respeito à avaliação físico-química e sensorial.

3.1 Material necessário

3.1.1 Material

Saco de papel de pergaminho vegetal, amostras de Khoa recolhidas de diferentes fontes

3.1.2 Produtos químicos utilizados na análise

1. Conc. Ácido sulfúrico
2. 0,1 N Ácido sulfúrico
3. Sulfato de cobre
4. Sulfato de potássio
5. Hidróxido de sódio 0,1 N
6. Indicador vermelho de metilo
7. Solução de iodo a 1%
8. Álcool Amílico
9. Indicador de fenolftaleína

3.1.3 Instrumento ou equipamento utilizado na análise

1. Frasco de Kjeldhal
2. Forno de mufla
3. Dessecador
4. Forno de ar quente
5. Cadinho de sílica
6. Placa de Petri
7. Tubo de ensaio
8. Burrete
9. Pipeta
10. Balança de pesagem digital

3.2 Avaliação de amostras de mercado

3.2.1 Recolha de amostras

No total, foram examinadas 60 amostras de khoa durante o inquérito, que foram recolhidas em diferentes regiões: leste, oeste, norte e sul. De cada região, foram colhidas e analisadas 15 amostras durante três quinzenas. Assim, foram analisadas 5 amostras de cada região em cada quinzena.

Fig. 1: Recolha de amostras de Khoa (leite condensado)

Estas amostras de khoa foram recolhidas em

1. Produtor local de khoa
2. Khoa, vendedor de leite
3. Lacticínios organizados
4. Lacticínios privados

através da adoção da técnica de aleatorização estratificada. As amostras foram recolhidas com o devido cuidado para evitar a contaminação durante o processo de recolha.

Para o efeito, foram utilizados sacos de papel pergaminho para legumes. Após a obtenção das amostras, estas foram levadas para o laboratório e, em seguida, cada amostra separada foi cuidadosamente misturada.

3.3 Avaliação sensorial

As amostras de khoa do mercado de Bhandara foram submetidas a uma avaliação organoléptica. A qualidade do khoa foi avaliada por avaliação sensorial no que respeita à cor, textura e corpo, sabor e aspeto gustativo por um painel de 5 juízes, com a ajuda de uma escala numérica de 100 pontos prescrita por Pal e Gupta (1985). Do mesmo modo, a aceitabilidade global do produto foi determinada por uma escala hedónica de 9 pontos, como sugerido por Nelson e Trout (1965). Uma pontuação de 1 indicava a maior aceitabilidade (extremo superior) ou a escala hedónica.

Fig. 2: Avaliação sensorial das amostras de Khoa (leite condensado)

1. Cartão de pontuação:

Método do cartão de pontuação para avaliação sensorial de amostras de khoa, tal como sugerido por Pal e Gupta (1985).

N.º Sr.	Atributos	Pontuação perfeita
1	Aroma	45
2	Corpo e textura	35
3	Cor e aspeto	20
	Total	100

2. Escala hedónica

A avaliação organoléptica da aceitabilidade global do produto foi avaliada através de uma escala hedónica de 9 pontos, tal como prescrito por Nelson e Trout (1964).

N.º Sr.	Grau	Pontuação	1	2	3	4
1	Como extremamente	9				
2	Gosto muito	8				
3	Como moderadamente	7				
4	Como ligeiramente	6				
5	Nem gosto nem não gosto	5				
6	Não gosto ligeiramente	4				
7	Não gosto moderadamente	3				
8	Não gosto muito	2				
9	Não gosto muito	1				

Nota: A pontuação de 5,5 e superior indica aceitabilidade dentro da pontuação de 1 a 9.

3.4 Análise química

3.4.1 Preparação de reagentes químicos instrumentos e objectos de vidro

Os reagentes químicos foram preparados cientificamente e normalizados antes da análise química. Os materiais de vidro necessários para a análise, como tubos de ensaio, buretas, frascos, etc., foram mergulhados durante 5 minutos em água quente adicionada com 2% de detergente em pó. Em seguida, foram lavados com água fria e depois com água destilada. Os mesmos foram secos ao ar e esterilizados numa estufa de ar quente a uma temperatura de 160° C durante duas horas. As pipetas foram mergulhadas em solução desinfetante para limpeza e finalmente enxaguadas com água destilada e secas ao ar.

3.5 Análise aproximada das amostras de khoa do mercado

As amostras de khoa recolhidas no mercado foram submetidas a análises químicas para determinar a humidade, a gordura, as proteínas, as cinzas, os sólidos totais e a acidez titulável.

3.5.1 Determinação da humidade

O teor de humidade das amostras de khoa foi determinado de acordo com o procedimento prescrito no ISI Hand book analysis sp: 18 (part IX):1981

Procedimento:

1. Três gramas de khoa foram colocados com precisão num prato de evaporação.
2. A placa foi colocada numa estufa de ar quente a 98° C a 100° C e aquecida durante 60 minutos, depois arrefecida em exsicadores e pesada novamente.
3. O aquecimento, arrefecimento e pesagem foram repetidos até as diferenças de peso entre pesagens sucessivas não excederem 1mg.
4. A percentagem de humidade foi calculada pela fórmula seguinte.

$$\text{Percentagem de humidade} = \frac{\text{Perda de peso}}{\text{Peso da amostra}} \times 100$$

3.5.2 Determinação da matéria gorda

O teor de gordura das amostras de khoa será determinado pelo método de Gerber. A percentagem de gordura foi lida diretamente no ponto inferior do menisco no butirómetro de Gerber, de acordo com BIS: SP 18, Parte XI (1981).

Procedimento:

1) Tomam-se 10 ml de ácido sulfúrico concentrado com a ajuda de um medidor automático de inclinação e transferem-se lentamente para o butirómetro.

Fig. 3: Determinação da gordura pelo método de Gerber

2) Colocar 5 g de amostra num copo e adicionar 5 a 10 ml de água destilada e transferido lentamente para o butirómetro.

3) Adicionou-se 1 ml de álcool amílico ao butirómetro, utilizando o medidor automático de inclinação.

4) O butirómetro foi tapado com uma rolha de borracha, utilizando um pino de guia.

5) O conteúdo do butirómetro foi bem agitado até se observar uma cor vermelha mogno.

6) Em seguida, o butirómetro foi mantido num banho de água a 65°C durante 5 minutos e o butirómetro foi colocado na máquina de centrifugação Gerber durante 3-4 minutos a 1100 rpm.

7) A leitura do teor de gordura do khoa foi feita diretamente na haste do butirómetro.

3.5.3 Determinação das proteínas

O teor de proteínas das amostras de khoa foi determinado pelo método de Kjeldahals descrito por Aggarwala e Sharma (1961).

Procedimento:

1. A amostra representativa de 1 g de khoa foi transferida para um balão de kjeldahals, 0,2 g de sulfato de cobre e 10 g de sulfato de potássio e 25 ml de ácido sulfúrico concentrado.

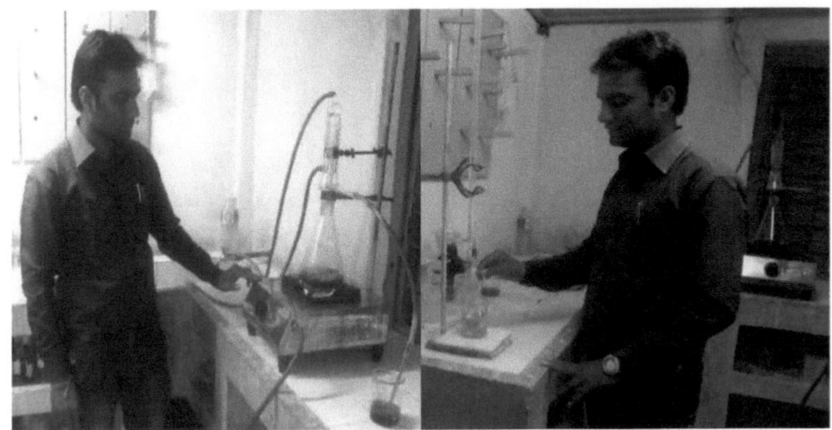

Fig. 4: Processo de destilação e titulação na estimativa de proteínas

2. A digestão foi efectuada durante 3 a 4 horas, até se obter um líquido límpido.
3. Após a conclusão da digestão, o balão foi deixado arrefecer e depois diluído

com 200 ml de água destilada sem amoníaco.

4. Transferiu-se o mesmo para um erlenmeyer de 1000 ml.
5. O material digerido foi destilado a vapor após a adição de uma solução de hidróxido de sódio (NaOH) a 50 %.
6. O amoníaco libertado foi absorvido em 50 ml de ácido sulfúrico 0,1N e 2 a 3 gotas de indicador vermelho de metilo.
7. Após a conclusão da destilação, o destilado foi titulado com uma solução de hidróxido de sódio (NaOH) 0,1N.
8. Foi também efectuada simultaneamente uma determinação em branco e o azoto foi calculado sob

$$\text{Percentagem de azoto} = \frac{A\text{-}B \times 0{,}0014}{W} \times 100$$

Onde,

A = Volume em ml de NaOH N/10 na determinação em branco

B = Volume em ml de NaOH N/10 no ensaio

W = Peso em mg da amostra colhida

A percentagem de proteínas foi calculada multiplicando a percentagem de azoto pelo fator 6,38

Percentagem de proteínas = percentagem de azoto total x 6,38

3.5.4 Determinação das cinzas:

O teor de cinzas das amostras de khoa foi determinado de acordo com o procedimento IS-

1165 (1967).

Procedimento:

1. Secar com exatidão cerca de 3 g de material na cápsula em estufa de ar quente e pesar.
2. Aquecer a cápsula, primeiro suavemente sobre uma chama e depois fortemente numa mufla a 550° ± 20° C até à obtenção de cinzas cinzentas.
3. Arrefecer a placa em dessecadores pesados. Aquecer novamente a placa a 550° ± 20° C durante
30 minutos. Arrefecer o prato em exsicadores e pesar.
4. Repetir este processo de aquecimento durante 30 minutos, arrefecimento e pesagem até
a diferença entre dois pesos sucessivos inferiores a um miligrama.

Fig. 5: Estimativa de cinzas no forno de mufla

5. A percentagem de cinzas foi calculada pela fórmula seguinte.

$$\text{Percentagem de cinzas} = \frac{\text{Peso das cinzas}}{\text{Peso da amostra}} \times 100$$

3.5.5 Determinação dos sólidos totais

O teor de sólidos totais da amostra foi determinado subtraindo a humidade da amostra.

3.5.6. Determinação da acidez

A percentagem de acidez das amostras de khoa foi determinada de acordo com o procedimento recomendado no ISI Handbook of food analysis, SP-18, (Part XI) Dairy products (1981).

Procedimento

1. A bureta foi enchida com solução de NaOH N/10.
2. A amostra de khoa foi misturada cuidadosamente, evitando a incorporação de ar.

3. Colocou-se 1 g de amostra de khoa num copo.
4. Foram adicionados 10 ml de água destilada para dissolver bem a amostra com agitação contínua.
5. Em seguida, adicionam-se 3-4 gotas de indicador de fenolftaleína e agita-se com uma vareta de vidro.
6. A leitura inicial do NaOH é ajustada para zero.
7. O conteúdo foi titulado com NaOH.
8. Foi registada a cor rosa como ponto final da titulação.

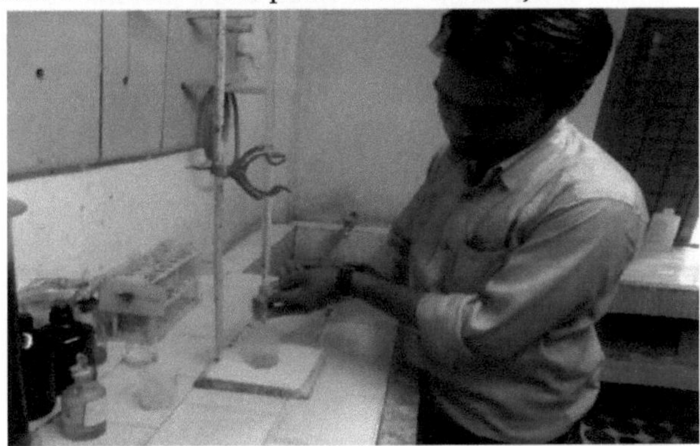

Fig. 6: Processo de titulação para a estimativa da acidez

9. A acidez titulável da amostra de khoa foi calculada utilizando a seguinte fórmula

N.º de ml 0,1 N NaoH necessário x 0,009
Acidez (%) =x100
Peso da amostra

3.6 Deteção de adulterações

Deteção de amido

A amostra de khoa do mercado foi testada para deteção de adulteração de amido. O amido foi detectado de acordo com o método indicado na norma IS 1479, parte I (1960).

Procedimento:

1. Colocou-se cerca de um grama de khoa num tubo de ensaio e adicionaram-se 5 a 10 ml de água destilada.
2. O conteúdo foi fervido, segurando o tubo de ensaio e deixando-o arrefecer à temperatura ambiente.
3. Adicionou-se 1 a 2 gotas de solução de iodo a 1%.
4. A presença de amido foi indicada pelo aparecimento de uma cor azul que desapareceu quando a amostra foi fervida e reapareceu quando a amostra foi arrefecida, indicando a presença de amido na amostra.

3.7Análise estatística

Os ensaios experimentais foram efectuados em relação à composição físico-química e aos parâmetros sensoriais. Os dados gerados foram analisados estatisticamente através da análise de variância - classificações de duas vias. A diferença crítica foi calculada para estudar a significância.

3.8 Local da experiência

A presente investigação sobre a avaliação das qualidades físico-químicas e sensoriais das amostras de khoa foi efectuada no laboratório de criação de animais e ciências leiteiras da Faculdade de Agricultura de Nagpur durante o ano de 2014-2015.

Capítulo IV

RESULTADOS E DISCUSSÃO

O khoa é um produto dessecado pelo calor e um importante material de base para diferentes doces. Devido aos nutrientes mais elevados e à elevada atividade da água, o khoa é facilmente suscetível ao crescimento de bactérias. As propriedades físico-químicas, a qualidade sensorial e microbiana do khoa são inicialmente boas durante a produção e deterioram-se gradualmente durante o armazenamento e a comercialização, pelo que a qualidade analítica do khoa é analisada em seguida.

Este capítulo trata dos resultados da investigação experimental sobre a "Qualidade do khoa vendido no distrito de Bhandara".

A observação de amostras de khoa que foram obtidas de quatro fontes, isto é, da região (leste, oeste, norte e sul) do distrito de Bhandara, foi objeto de comparação para avaliação da composição química e sensorial. Os resultados são tabulados e discutidos nos pontos seguintes.

4.1 Avaliação sensorial do khoa

4.2 Composição química do khoa

4.3 Adulteração de khoa

4.1 Avaliação sensorial do khoa vendido no distrito de Bhandara

É de salientar que a qualidade sensorial de qualquer produto é de grande importância do ponto de vista da aceitabilidade do consumidor, uma vez que este se sente atraído por produtos com uma aparência agradável e atractiva e, como tal, observou-se que os retalhistas envolvidos na comercialização de Khoa no distrito são bastante cautelosos e mantiveram a sua qualidade física em vista apenas para atrair os consumidores.

Foram recolhidas amostras de Khoa em quatro regiões (leste, oeste, norte e sul) do distrito de Bhandara e analisado o seu perfil sensorial nas seguintes cabeças.

1. Aroma
2. Corpo e textura
3. Cor e aspeto
4. Aceitabilidade global
5. Avaliação organoléptica utilizando a escala hedónica

4.1.1 sabor

Os dados relativos às pontuações médias da cor e do aspeto do khoa vendido no distrito de Bhandara são apresentados no quadro 1 e representados graficamente no gráfico. 1

De acordo com os dados tabelados no quadro 1, verificou-se que as pontuações médias obtidas para os sabores do khoa vendido no distrito de Bhandara variavam entre 36,97 e 40,73 num total de 45. Os valores médios do khoa das regiões leste, oeste, norte e sul registaram 40,35, 36,97, 40,73 e 37,65, respetivamente. Estas diferenças foram consideradas significativas para a pontuação do sabor.

Quadro 1: Pontuação média do sabor do khoa vendido no distrito de Bhandara (de 45)

(Média baseada em 5 amostras)

Região	Quinzena			Média
	I	II	III	
Leste	40.05	40	41.02	40.35^{b}
Oeste	37.63	35.69	37.61	36.97^{d}
Norte	40.56	40.58	41.07	40.73^{a}
Sul	36.71	38.31	37.94	37.65^{c}
S. E (m)±				0.42
C. D.				1.48
C. V.				1.91
Resultado				Sig.

Os valores com sobrescritos diferentes diferem significativamente (P < 0,05).

O khoa da região norte contribuiu com a pontuação média máxima, enquanto o khoa da região oeste contribuiu com a pontuação mínima. O khoa do Norte era significativamente de boa qualidade em comparação com o khoa do Leste, do Oeste e do Sul no que respeita às pontuações médias de sabor. Em comparação com as quatro origens, o khoa ocidental e meridional apresentou um sabor ligeiramente inferior, rançoso e queimado, devido a um maior aquecimento.

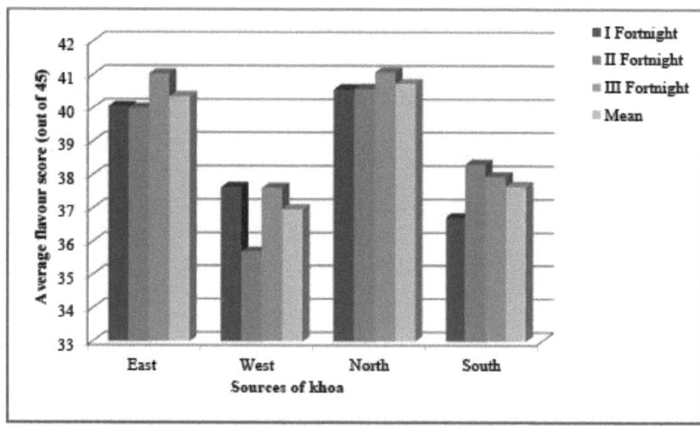

Gráfico. 1: Pontuação média do sabor do khoa vendido no distrito de Bhandara (em 45)

As presentes conclusões estão em conformidade com os dados registados por Narain e Singh (1979), que registaram um sabor rançoso em algumas amostras de khoa comercializadas em cidade de Varanasi. Também foram observadas conclusões semelhantes por Kurand *et al.* (2011), Kakade *et al.* (2013) e Gate (2013).

4.1.2 Corpo e textura

Os dados relativos às classificações médias da cor e do aspeto do khoa vendido no distrito de Bhandara são apresentados no quadro 2 e representados graficamente no gráfico. 2.

Quadro 2: Valores médios de corpo e textura do khoa vendido no distrito de Bhandara (de 35)

(Média baseada em 5 amostras)

Região	Quinzena			Média
	I	II	III	
Leste	30.95	29.92	30.67	30.51[b]
Oeste	28.53	27.57	28.7	28.26[c]
Norte	30.8	30.93	30.9	30.87[a]
Sul	26.3	27.94	28.96	27.73[d]
S. E (m)±				0.45
C. D.				1.55
C. V.				2.65
Resultado				Sig.

Os valores com sobrescritos diferentes diferem significativamente (P < 0,05).

Os dados apresentados no quadro 2 indicam que as pontuações médias dos atributos corpo e textura do khoa vendido no distrito de Bhandara variaram entre 27,73 e 30,87. As pontuações médias relativas ao corpo e à textura do khoa oriental, ocidental, setentrional e meridional foram de 30,51, 28,26, 30,87 e 27,73, respetivamente.

A pontuação média máxima foi registada em North Khoa (30,87) e a mínima em South Khoa (27,73). As diferenças nas pontuações foram consideradas significativas.

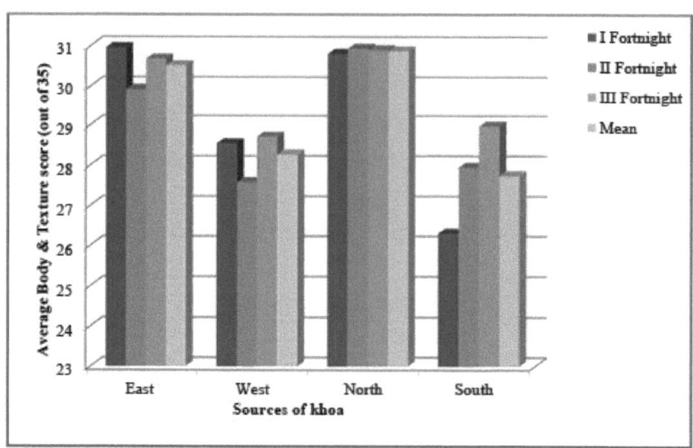

Gráfico. 2: Valores médios de corpo e textura do khoa vendido no distrito de Bhandara (em de 35)

A partir dos resultados acima referidos, verificou-se ainda que houve uma variação na pontuação média do corpo e da textura do khoa, o que clarificou as ideias de superioridade do khoa da região norte em relação a outras regiões. A maioria das amostras de Khoa examinadas neste estudo possuía, de um modo geral, um corpo e uma textura satisfatórios (Quadro 2).

Os resultados estão próximos;

Kulkarni e Hembade (2010) relataram que as pontuações de corpo e textura das amostras de khoa de Ambajogai, Dharur e Wadwani foram significativamente mais elevadas do que as amostras de khoa de outros taluka. De igual modo, observou-se um corpo macio e uniforme e uma textura granular nas amostras de khoa de Ambajogai, Dharur e Wadwani.

Kurand *et al.* (2011) registaram que a pontuação média do corpo e da textura do khoa dos distritos de Washim variava entre 29,17 e 32,18 e observaram também que havia uma variação significativa nas pontuações do corpo e da textura.

Kakade *et al.* (2013) também observaram que a pontuação média para o corpo e a textura do khoa da cidade de Nagpur variava entre 25,37 e 30,40, com o máximo no khoa da região leste e o mínimo no khoa da região oeste. Os autores referiram que a textura farinhenta a grosseira foi encontrada no khoa do oeste, do norte e do sul.

4.1.3 Cor e aspeto

Os dados relativos às pontuações médias da cor e do aspeto do khoa vendido no distrito de Bhandara são apresentados no quadro 3 e representados no gráfico. 3 Verificou-se que, no quadro 3, a pontuação média da cor e do aspeto do khoa do distrito de Bhandara variava entre 16,22 e 17,39. A pontuação máxima foi registada no khoa da região ocidental e a mínima no khoa do sul.

Quadro 3: Pontuação média da cor e do aspeto do khoa vendido no distrito de Bhandara (de 20)

(Média baseada em 5 amostras)

Região	Quinzena			Média
	I	II	III	
Leste	15.95	16.68	16.14	16.25[c]
Oeste	17.26	17.38	17.55	17.39[a]
Norte	16.69	16.99	16.84	16.84[b]
Sul	16.54	16.24	15.88	16.22[d]
S. E (m)±				0.16
C. D.				0.55
C. V.				1.67
Resultado				Sig.

Os valores com sobrescritos diferentes diferem significativamente (P < 0,05).

A pontuação média da cor e do aspeto do khoa das regiões leste, oeste, norte e sul do distrito de Bhandara foi de 16,25, 17,39, 16,84 e 16,22, respetivamente. As pontuações médias obtidas para a cor e o aspeto nos distritos de Bhandara diferem significativamente. O khoa ocidental foi considerado superior ao khoa oriental, setentrional e meridional, com uma cor branca cremosa, no que respeita à pontuação média da cor e do aspeto.

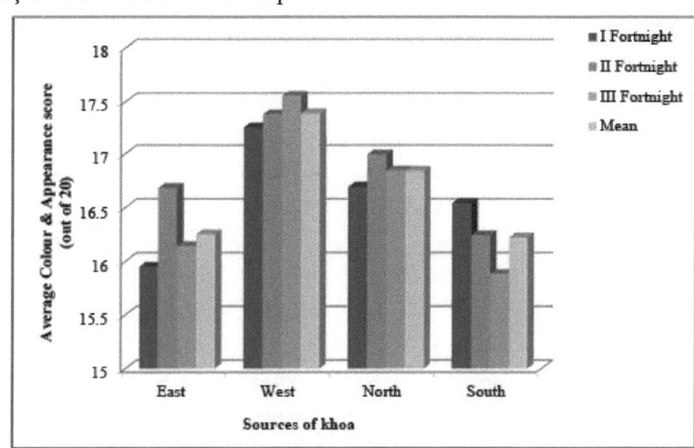

Gráfico 3: Pontuação média da cor e do aspeto do khoa vendido no distrito de Bhandara (em 20)

As amostras de khoa norte e leste apresentavam uma cor acastanhada, enquanto as de khoa sul apresentavam um castanho ligeiramente avermelhado devido ao sobreaquecimento e à raspagem, com um aspeto bolorento. No khoa sul, verificou-se a presença de uma certa quantidade de matérias estranhas, pelo que se obteve uma pontuação inferior no que respeita ao aspeto, com um ligeiro tom azulado celeste.

Os resultados actuais estão de acordo com;

Kulkarni e Hembade (2010) referiram que as classificações de cor e aspeto obtidas para o khoa de 11 talukas do distrito de Beed variavam entre 11,15 e 13,45. No entanto, as amostras de khoa de Ambajogai, Dharur e Wadwani foram significativamente superiores às amostras de khoa de outros taluka. Registaram uma maior pontuação na cor amarela pálida, seguida da cor branca e da cor cremosa/cinzenta.

Kurand *et al.* (2011) registaram que a pontuação média da cor e do aspeto do khoa dos distritos de Washim variava entre 16,72 e 18,20, com uma variação significativa. Também se verificou que o khoa de Washim é superior ao das outras duas regiões, com a pontuação mais elevada obtida. O khoa de Risod e Karanja apresentava manchas ligeiramente castanhas e pretas de manchas queimadas, com um aspeto ligeiramente bolorento e presença de matérias estranhas, como pedaços de jornal.

Kakade *et al.* (2013) verificaram que o khoa da região sul era mais superior ao khoa da região este-oeste e norte obtido na cidade de Nagpur, com uma pontuação que variava entre 16,12 e 17,05 no que respeita à cor e ao aspeto, com diferenças significativas.

Bajaj *et al.* (2013) referiram que a pontuação média do khoa comercializado na cidade de Nanded era significativamente diferente. Registaram uma pontuação mais elevada para a cor amarela pálida, seguida da cor branca e da cor cremosa/cinzenta.

4.1.4 Aceitabilidade global

Os dados relativos às pontuações médias da aceitabilidade global do khoa vendido no distrito de Bhandara são apresentados no quadro 4 e representados graficamente no gráfico. 4

O quadro 4 indica que a aceitabilidade global média do khoa do distrito de Bhandara variava entre 80,67 e 87,23. No entanto, os valores médios de aceitabilidade global das amostras de khoa vendidas nas regiões leste, oeste, norte e sul contribuíram para 80,67, 86,37, 87,23 e 81,67, respetivamente. As diferenças de pontuação obtidas para as fontes de khoa foram consideradas significativas, enquanto o khoa do norte foi considerado superior ao khoa do leste, do oeste e do sul no que respeita à aceitabilidade global.

Quadro 4: Pontuação média de aceitabilidade global do khoa vendido no distrito de Bhandara (em 100)

(Média baseada em 5 amostras)

Região	Quinzena			Média
	I	II	III	
Leste	79.52	79.15	83.34	80.67d
Oeste	86.63	85.59	86.9	86.37b
Norte	86.95	86.92	87.82	87.23[a]
Sul	83.08	80.71	81.24	81.67[c]
S. E (m)±				0.71
C. D.				2.48
C. V.				1.48
Resultado				Sig.

Os valores com sobrescritos diferentes diferem significativamente ($P < 0,05$).

A qualidade sensorial do khoa vendido na região norte era boa, com uma pontuação global de 87,23, mas o khoa do leste, oeste e sul tinha uma qualidade sensorial razoável, com 80,67, 86,37 e 81,67 de aceitabilidade global, respetivamente, e apresentava um sabor ligeiramente ácido e queimado, com uma textura dura devido ao sobreaquecimento e a uma maior raspagem.

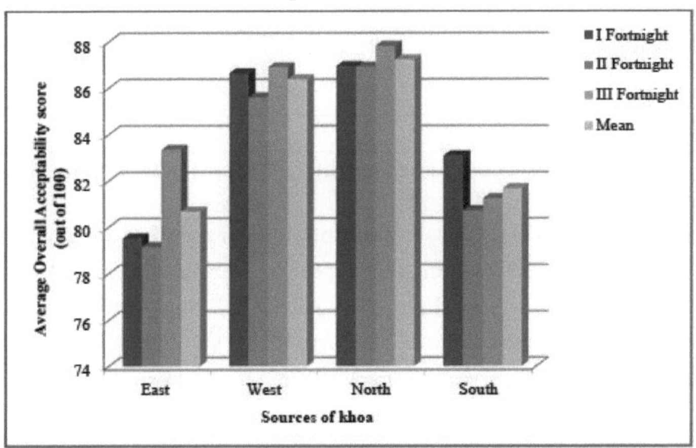

Gráfico 4: Pontuação média de aceitabilidade global do khoa vendido no distrito de Bhandara
(em 100)

Os presentes resultados estão em consonância com os dados registados por;

Kurand *et al.* (2011) referiram que a aceitabilidade global média do khoa do distrito de Washim variava entre 82,22 e 90,26. As diferenças de pontuação obtidas para as fontes de khoa foram consideradas significativamente superiores às de Karanja e Risod khoa no que respeita à aceitabilidade global.

Kakade *et al.* (2013) referiram que a aceitabilidade global média do khoa da cidade de Nagpur variava entre 81,57 e 86,97. As diferenças de pontuação obtidas para as fontes de khoa foram significativamente diferentes.

4.1.5 Avaliação organoléptica utilizando uma escala hedónica de 9 pontos

Os dados relativos às pontuações médias das avaliações organolépticas do khoa vendido no distrito de Bhandara são apresentados no quadro 5 e representados no gráfico. 5.

A avaliação organoléptica da aceitabilidade global do produto foi avaliada através de uma escala hedónica de 9 pontos, tal como prescrito por Nelson e Trout (1964).

Quadro 5: Pontuação da avaliação organoléptica do khoa vendido no distrito de Bhandara (escala hedónica de 9 pontos)

(Média baseada em 5 amostras)

Região	Quinzena			Média
	I	II	III	
Leste	7.04	7.24	7.12	7.13^{c}
Oeste	7.42	7.4	7.52	7.44b
Norte	8.32	8.17	8.1	8.19^{a}
Sul	6.78	6.78	6.72	6.76d
S. E (m)±				0.054
C. D.				0.18
C. V.				1.28
Resultado				Sig.

Os valores com sobrescritos diferentes diferem significativamente (P < 0,05).

A partir do quadro 5, verificou-se que a pontuação média para a aceitabilidade global, utilizando a escala hedónica de 9 pontos, variou entre 6,76 e 8,19, tendo os valores médios das regiões Este, Oeste, Norte e Sul contribuído com 7,13, 7,44, 8,19 e 6,76, respetivamente. A partir do resultado acima, a pontuação média máxima na região norte (8,19) e a mínima na região sul (6,76).

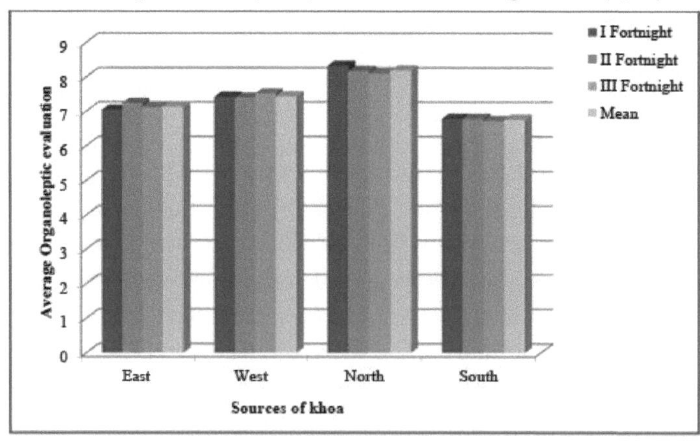

Gráfico. 5: Pontuação média da avaliação organoléptica do khoa vendido no distrito de Bhandara com base numa escala hedónica de 9 pontos.

As presentes conclusões estão em conformidade com as conclusões de Kakade *et al.* (2013), com pontuações médias de 8,53, 7,90, 7,30 e 6,40 de khoa este, oeste, norte e sul, respetivamente, e de Gate (2013), com pontuações de 7,48, 8,05, 7,13 e 7,25 de khoa este, oeste, norte e sul, respetivamente.

4.2 Composição química do khoa vendido no distrito de Bhandara

As amostras de Khoa colhidas no distrito de Bhandara foram analisadas quanto à sua qualidade química na secção de criação de animais e lacticínios da faculdade de agricultura de Nagpur, de acordo com as seguintes composições 1. Humidade 2. Gordura 3. Proteína 4. Cinzas 5. Sólidos totais 6. Acidez titulável

4.2.1 Percentagem de humidade

Os dados relativos à percentagem média de humidade do khoa vendido no distrito de Bhandara são apresentados no quadro 6 e representados graficamente no gráfico. 6.

Os dados do quadro 6 revelam que a percentagem média de humidade do khoa variou entre 28,65 e 30,98%, com o máximo no khoa do norte e as percentagens médias mínimas registadas no khoa do sul.

Quadro 6: Percentagens médias de humidade do khoa vendido no distrito de Bhandara

(Média baseada em 5 amostras)

Região	Quinzena			Média
	I	II	III	
Leste	28.75	28.92	28.66	28.77
Oeste	29.68	30.18	29.48	29.78
Norte	31.31	31.1	30.55	30.98
Sul	30.87	27.05	28.05	28.65
S. E (m)±				0.58
C. D.				-
C. V.				-
Resultado				Não-Sig.

Valores com sobrescritos diferentes diferem não significativamente (P > 0,05).

A percentagem média do teor de humidade no khoa do leste, oeste, norte e sul foi de 28,77, 29,78, 30,98 e 28,65. Estas percentagens de humidade mostraram diferenças não significativas, mas clarificaram as ideias sobre a superioridade do khoa do norte em relação aos outros khoa (leste, oeste e sul), cumprindo claramente a especificação do PFA, ou seja, 28% ou máximo.

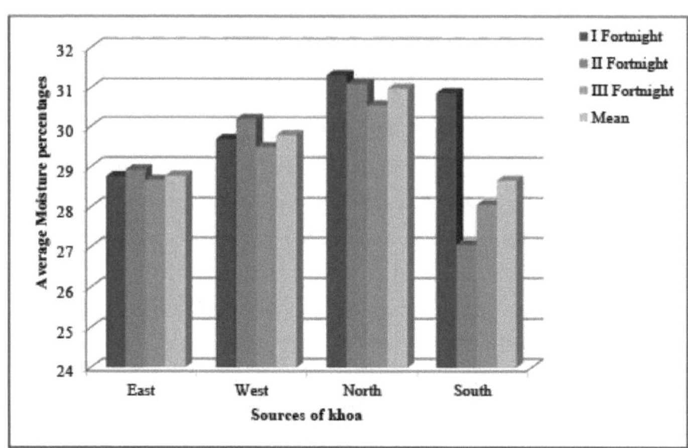

Gráfico. 6: Percentagem média de humidade do khoa vendido no distrito de Bhandara.

Os presentes resultados estão em consonância com a observação registada por Zariwala *et al.* (1974) relataram que o teor de humidade por cento das amostras variava de 11,39 a 44,60%, com uma média de 28,13% em Bombaim.

Ghatak e Bandyopadhyay (1989) registaram percentagens de humidade entre 23,8 e 32,7, com uma média de 26,3% em Calcutá.

Shintre (2005) relatou que a percentagem de humidade variou de 27,30 a 30,10 em três regiões diferentes da cidade de Akola.

Kurand *et al.* (2011) registaram uma humidade média por cento de 27,20, 30,10 e 30,08 em três regiões diferentes do distrito de Washim.

Gate (2013) registou que a humidade média por cento variava entre 28,09 e 30,28.

4.2.2 Percentagem de gordura

Os dados relativos à percentagem média de gordura do khoa vendido no distrito de Bhandara são apresentados no quadro 7 e representados graficamente no gráfico. 7.

Os dados mencionados no quadro 7 revelam que a percentagem média de gordura do khoa variava entre 23,84 e 30,53%, com o máximo no khoa do sul e a percentagem média mínima de gordura registada no khoa do norte vendido no distrito de Bhandara.

Quadro 7: Percentagem média de gordura do khoa vendido no distrito de Bhandara

(Média baseada em 5 amostras)

Região	Quinzena			Média
	I	II	III	
Leste	23.99	28.02	22.09	24.70[c]
Oeste	25.7	26.6	25.9	26.06b

Norte	22.07	25.28	24.18	23.84d
Sul	30.15	30.68	30.76	30.53[a]
S. E (m)±				0.85
C. D.				2.95
C. V.				5.62
Resultado				Sig.

Os valores com sobrescritos diferentes diferem significativamente ($P < 0,05$).

A percentagem média do teor de gordura no khoa oriental, ocidental, setentrional e meridional foi de 24,7, 26,06, 23,84 e 30,53. Estas percentagens de gordura mostraram diferenças significativas, justificando a superioridade do khoa do sul em relação aos outros khoa (leste, oeste e sul), cumprindo claramente a especificação BIS, ou seja, mais de 25%. O khoa Este (24,7) e o khoa Norte (23,84) apresentaram uma percentagem de gordura inferior à especificação BIS.

Os presentes resultados estão de acordo com os de outros investigadores, que referem o seguinte

Dastur e Lakhani (1971) referiram que o teor médio de gordura por cento do khoa era de 27,24% nas lojas locais de Poona

Zariwala *et al.* (1974) registaram que a percentagem de gordura do khoa variava entre 13,49 e 36,00, com uma média de 27,14%.

Shintre (2005) registou uma percentagem média de gordura de khoa entre 22,50 e 27,70.

Kakade *et al.* (2013) registaram uma percentagem média de gordura de khoa de 30,39, 25,19, 24,26 e 22,65 nas regiões leste, oeste, norte e sul.

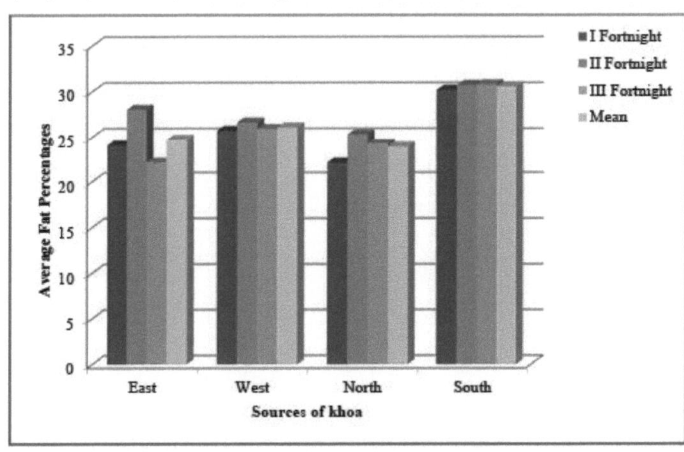

Gráfico. 7: Percentagem média de gordura do khoa vendido no distrito de Bhandara.

4.2.3 Percentagem de proteínas

Os dados relativos à percentagem média de proteínas do khoa vendido no distrito de Bhandara são apresentados no quadro 8 e representados graficamente no gráfico. 8.

Os dados registados no quadro 8 indicam que o teor médio de proteínas por cento de khoa variava entre 16,24 e 18,77%, sendo o mais elevado no khoa do Norte e o mais baixo teor médio de gordura registado no khoa do Norte vendido no distrito de Bhandara.

Quadro 8: Percentagem média de proteínas do khoa vendido no distrito de Bhandara

(Média baseada em 5 amostras)

Região	Quinzena			Média
	I	II	III	
Leste	16.6	16.03	16.1	16.24d
Oeste	16.74	16	17.9	16.88[c]
Norte	17.65	19.85	18.83	18.77[a]
Sul	16.9	18.59	18.45	17.98b
S. E (m)±				0.56
C. D.				1.75
C. V.				5.62
Resultado				Sig.

Os valores com sobrescritos diferentes diferem significativamente (P < 0,05).

A percentagem média do teor de proteínas no khoa oriental, ocidental, setentrional e meridional foi de 16,24, 16,88, 18,77 e 17,98. Os resultados relativos à percentagem média de proteínas diferem significativamente. A partir dos resultados acima referidos, verificou-se ainda que houve uma variação significativa na percentagem média de proteínas, tendo-se verificado que o khoa do norte era significativamente superior (18,77) aos outros khoa (leste, oeste e sul), cumprindo claramente as especificações do BIS.

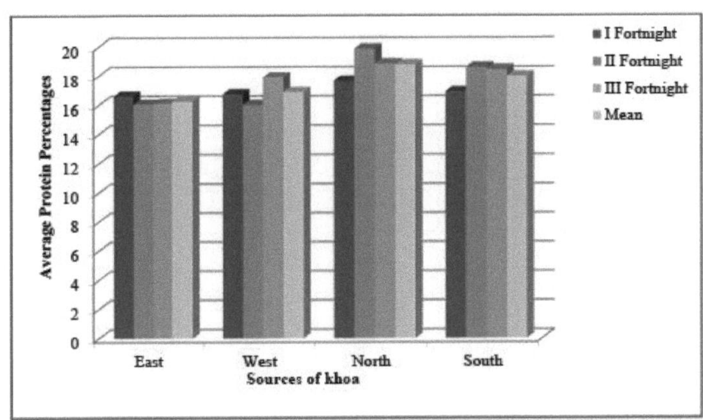

Gráfico. 8: Percentagem média de proteínas do khoa vendido no distrito de Bhandara.

Os dados encontrados estão próximos dos trabalhos de investigação efectuados por Kumar e Srinivasan (1982), Aneja (1997) e Kurand *et al.* (2013).

4.2.4 Percentagem de cinzas

Os dados relativos à percentagem média de cinzas do khoa vendido no distrito de Bhandara são apresentados no quadro 9 e representados graficamente no gráfico. 9.

Os dados apresentados no quadro 9 indicam que o teor médio de cinzas por cento de khoa variou entre 3,4 e 4,25 por cento vendido no distrito de Bhandara.

Quadro 9: Percentagens médias de cinzas do khoa vendido no distrito de Bhandara

(Média baseada em 5 amostras)

Região	Quinzena			Média
	I	II	III	
Leste	4.14	4.01	4.61	4.25
Oeste	4.06	3.6	3.56	3.74
Norte	3.92	4.51	3.85	4.09
Sul	3.57	3.35	3.28	3.40
S. E (m)±				0.18
C. D.				-
C. V.				-
Resultado				Não sig.

Valores com sobrescritos diferentes diferem não significativamente (P > 0,05).

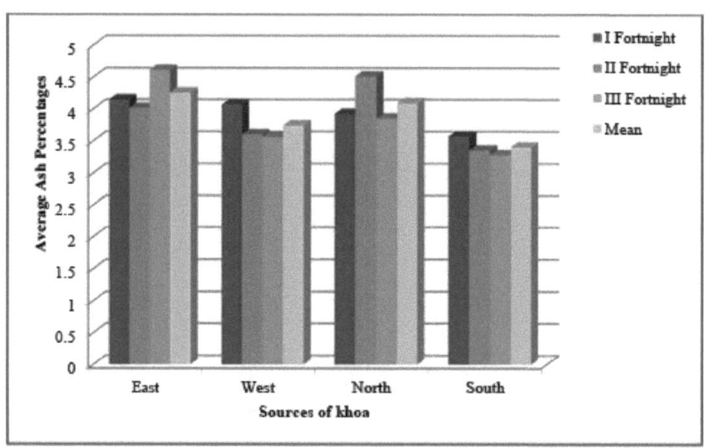

Gráfico. 9: Percentagem média de cinzas do khoa vendido no distrito de Bhandara.

A percentagem média de cinzas mais elevada foi registada no khoa oriental e a mais baixa no khoa do norte, vendido no distrito de Bhandara, com 3,4 %. A percentagem média de cinzas no khoa oriental, ocidental, setentrional e meridional foi de 4,25, 3,74, 4,09 e 3,4. Estas percentagens de cinzas revelaram diferenças não significativas, mas clarificaram as ideias sobre a superioridade do khoa do norte em relação aos outros khoa.

Resultados semelhantes foram também registados por Dastur e Lakhani (1971), Kumar e Srinivasan, (1982), Aneja (1997), Karale (2000), Shintre (2005), Bajaj *et al.* (2013) e Kakade *et al.* (2013).

4.2.5 Sólidos totais em percentagem

Os dados relativos à percentagem média de sólidos totais do khoa vendido no distrito de Bhandara são apresentados no quadro 10 e representados graficamente no gráfico. 10.

O quadro 10 mostra que o teor em percentagem de sólidos totais no khoa vendido no distrito de Bhandara variava entre 69,01 e 71,34

Quadro 10: Média de sólidos totais em percentagem de khoa vendido no distrito de Bhandara

(Média baseada em 5 amostras)

Região	Quinzena			Média
	I	II	III	
Leste	71.25	71.02	71.33	71.20
Oeste	70.32	69.82	70.51	70.21
Norte	68.69	68.9	69.45	69.01
Sul	69.13	72.95	71.95	71.34
S. E (m)±				0.59

C. D.	-
C. V.	-
Resultado	Não sig.

Valores com sobrescritos diferentes diferem não significativamente (P > 0,05).

O quadro acima mostra que o teor percentual de sólidos totais no khoa das regiões leste, oeste, norte e sul foi de 71,20, 70,21, 69,01 e 71,34. As percentagens do teor de sólidos totais no khoa não apresentam diferenças ou variações significativas em comparação com todas as regiões.

O khoa do sul mostra superioridade, contendo a percentagem mais elevada de sólidos totais, em relação ao khoa do leste, do oeste e do norte.

As presentes conclusões estão de acordo com os dados comunicados por Kumar e Srinivasan (1982), Karale (2000) Shintre (2005) e Gate (2013).

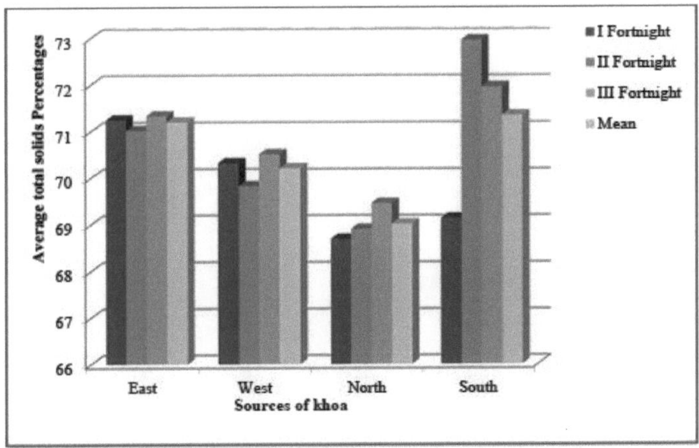

Gráfico. 10: Percentagem média de sólidos totais do khoa vendido no distrito de Bhandara

4.2.6 Acidez titulável em percentagem

Os dados relativos à acidez titulável em percentagem média do khoa vendido no distrito de Bhandara são apresentados no quadro 11 e representados graficamente no gráfico. 11.

Quadro 11: Acidez titulável média em percentagem de khoa vendido no distrito de Bhandara

(Média baseada em 5 amostras)

Região	Quinzena			Média
	I	II	III	
Leste	0.68	0.68	0.7	0.68^{b}
Oeste	0.7	0.67	0.69	0.68^{b}
Norte	0.59	0.58	0.6	0.59^{c}

Sul	0.69	0.71	0.72	0.70[a]
S. E (m)±				0.0064
C. D.				0.022
C. V.				1.67
Resultado				Sig.

Os valores com sobrescritos diferentes diferem significativamente (P < 0,05).

O quadro 11 indica que a acidez titulável em percentagem média do khoa vendido no distrito de Bhandara variava entre 0,59 e 0,70.

O teor de acidez significativamente mais elevado (0,70%) foi encontrado no khoa do sul e o mais baixo (0,59%) no khoa da região norte. A percentagem média significativa do teor de acidez do leste, oeste, norte e sul registou 0,68, 0,68, 0,59 e 0,70, respetivamente. A acidez mais elevada indica que o produto khoa é armazenado durante um longo período e depois mantido para venda no mercado.

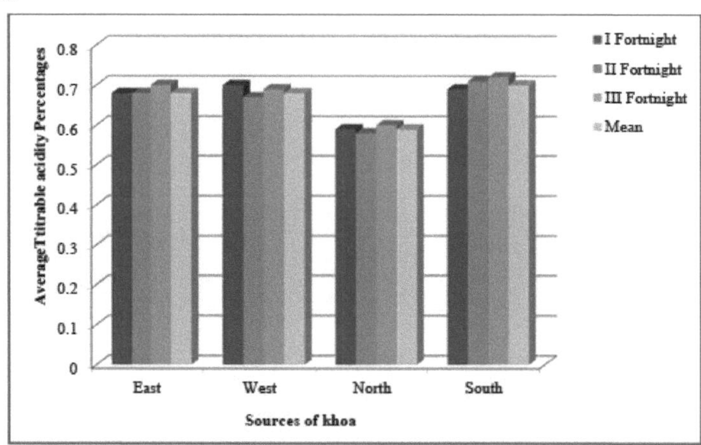

Gráfico. 11: Percentagem média de acidez titulável do khoa vendido no distrito de Bhandara

A presente investigação está em consonância com os resultados registados por Kumar e Srinivasan (1982), Sharma e Lavanta (1987), Ghatak e Bandyopadhya (1989), Karale (2000), Shintre (2005) e Kurand *et al.* (2011).

4.3 Adulteração

Todas as 60 amostras recolhidas em diferentes regiões do distrito de Bhandara foram submetidas a um teste de iodo para determinar a adulteração do amido no khoa.

Os dados interpretados relativamente à adulteração de khoa nas regiões leste, oeste, norte e sul do distrito de Bhandara são apresentados no quadro 12 e a percentagem representada graficamente no gráfico 12.

Quadro 12: Resultados regionais do teste do amido com percentagem de

adulteração

Região	Número total de amostras	Resultado do teste de iodo		Percentagem de adulteração
		Positivo	Negativo	
Leste	15	8	7	53.33%
Oeste	15	5	10	33.33%
Norte	15	1	14	6.66%
Sul	15	11	4	73.33%

A partir do quadro 12, verificou-se que o resultado do teste de iodo no norte de Khoa só deu positivo para uma amostra, enquanto as restantes 14 amostras deram negativo num total de 15 amostras. Mas nas restantes regiões, ou seja, nas regiões leste, oeste e sul, o khoa apresentou resultados positivos em 8, 5 e 11 amostras, respetivamente. Nas fontes, as amostras adulteradas com khoa registaram 53,33%, 33,33%, 6,66%, 73,33%
a leste, a oeste, a norte e a sul, respetivamente.

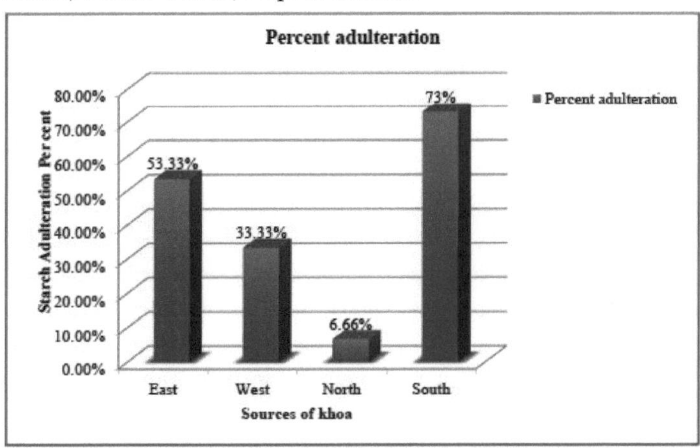

Fig. 12: Percentagem de adulteração de amido em khoa vendido no distrito de Bhandara

Assim, nas regiões leste, oeste, norte e sul do khoa, havia amido adulterado em 8, 5, 1 e 11 das 15 amostras de khoa.

Capítulo V

RESUMO E CONCLUSÃO

O presente inquérito intitulado "Qualidade do khoa vendido no distrito de Bhandara" foi realizado com os seguintes objectivos

1. Estudar a avaliação sensorial do khoa vendido no distrito de Bhandara.
2. Avaliar a qualidade química do khoa
3. Detetar a adulteração do khoa

As amostras de khoa recolhidas no distrito de Bhandara foram analisadas na secção do Departamento de Pecuária e Lacticínios, faculdade de agricultura, Nagpur, durante o ano de 2014-2015. A presente investigação incluiu o estudo do khoa vendido no distrito de Bhandara e a sua comparação no que diz respeito à composição química e ao perfil sensorial, com a descoberta de adulteração de khoa.

No decurso do inquérito, foram colhidas amostras de khoa no distrito de Bhandara. Durante o inquérito, foram examinadas um total de 60 amostras de khoa, colhidas em diferentes regiões: leste, oeste, norte e sul. De cada região, foram colhidas e analisadas 15 amostras durante três quinzenas. Assim, foram analisadas 5 amostras de cada região em cada quinzena.

Estas amostras de khoa foram recolhidas em

1. Produtor local de khoa
2. Khoa, vendedor de leite
3. Lacticínios organizados
4. Lacticínios privados

Os resultados obtidos na presente investigação são resumidos e concluídos neste capítulo.

5.1 Avaliação sensorial do khoa vendido no distrito de Bhandara

5.1.1 Aroma

As pontuações médias obtidas para os sabores das amostras de khoa vendidas no distrito de Bhandara variaram entre 36,97 e 40,73 num total de 45. Os valores médios do khoa das regiões leste, oeste, norte e sul registaram 40,35, 36,97, 40,73 e 37,65, respetivamente, sendo a pontuação mais elevada atribuída ao khoa do norte e a mínima ao khoa do oeste. O khoa do norte foi significativamente de boa qualidade em comparação com o khoa do leste, do oeste e do sul no que respeita à média das pontuações de sabor. O khoa do oeste e do sul era ligeiramente inferior com sabor rançoso e também com sabor a queimado devido a um maior aquecimento. Estas diferenças foram consideradas significativas para a pontuação de sabor

5.1.2 Corpo e textura

As pontuações médias relativas aos atributos corpo e textura do khoa vendido no distrito de Bhandara variaram entre 27,73 e 30,87. As pontuações médias relativas ao corpo e à textura do khoa oriental, ocidental, setentrional e meridional foram de 30,51, 28,26, 30,87 e 27,73, respetivamente. A pontuação média máxima foi registada no khoa do norte (30,87) e a mínima no khoa do sul (27,73). As amostras mostraram diferenças significativas, o que clarificou a ideia da superioridade do khoa da região norte em relação às outras regiões.

5.1.3 Cor e aspeto

Durante o presente estudo, verificou-se que a pontuação média da cor e do aspeto do khoa do distrito de Bhandara variava entre 16,22 e 17,39. A pontuação máxima foi registada significativamente no khoa da região oeste, o que demonstra a sua superioridade em relação ao khoa das outras regiões, de cor branca cremosa, enquanto a mínima foi registada no khoa do sul. A pontuação média da cor e do aspeto do khoa das regiões leste, oeste, norte e sul foi de 16,25, 17,39, 16,84 e 16,22, respetivamente. Verificou-se que as pontuações médias diferiam significativamente. As amostras de khoa do norte e do leste apresentavam uma cor acastanhada, enquanto o khoa do sul apresentava um castanho ligeiramente avermelhado devido ao sobreaquecimento e à raspagem, com um aspeto bolorento.

5.1.4 Aceitabilidade global

Durante o presente inquérito, a aceitabilidade global média do khoa do distrito de Bhandara variou entre 80,67 e 87,23. No entanto, os valores médios da aceitabilidade global das amostras de khoa vendidas nas regiões leste, oeste, norte e sul foram de 80,67, 86,37, 87,23 e 81,67, respetivamente. O khoa do norte foi considerado superior, contribuindo com as pontuações mais elevadas em relação aos outros, enquanto a pontuação mais baixa foi encontrada no khoa da região leste. As diferenças de pontuação obtidas para as fontes de khoa foram consideradas significativas. As regiões leste, oeste e sul apresentaram um sabor ligeiramente ácido e queimado e uma textura dura devido ao sobreaquecimento e a uma maior raspagem.

5.1.5 Avaliação organoléptica utilizando uma escala hedónica de 9 pontos

Durante o estudo, a pontuação média para a aceitabilidade global, utilizando uma escala hedónica de 9 pontos, variou entre 6,76 e 8,19, tendo os valores médios das regiões leste, oeste, norte e sul contribuído com 7,13, 7,44, 8,19 e 6,76, respetivamente. A partir do resultado acima, a pontuação média foi máxima na região norte (8,19) e mínima na região sul (6,76).

5.2 Composição química do khoa vendido no distrito de Bhandara

5.2.1 Percentagem de humidade

A percentagem de humidade do khoa variou entre 28,65 e 30,98%, com um máximo no khoa norte e percentagens médias mínimas registadas no khoa sul. A percentagem média do teor de humidade no khoa oriental, ocidental, setentrional e meridional foi de 28,77, 29,78, 30,98 e 28,65. Todas as percentagens de humidade de todas as fontes mostraram diferenças não significativas, cumprindo claramente a especificação BIS, ou seja, 28% ou máximo.

5.2.2 Percentagem de gordura

A percentagem média de teor de gordura no khoa oriental, ocidental, setentrional e meridional registou 24,7, 26,06, 23,84 e 30,53, com uma variação de 23,84 a 30,53 por cento, com o máximo no khoa meridional e a percentagem média mínima de gordura registada no khoa setentrional vendido no distrito de Bhandara. Estas percentagens de gordura revelaram diferenças significativas, justificando a superioridade do khoa do sul em relação aos outros khoa (leste, oeste e sul), cumprindo claramente as especificações do BIS.

5.2.3 Percentagem de proteínas

A percentagem média de proteínas do khoa variou entre 16,24 e 18,77%, sendo a percentagem mais elevada no khoa do norte e a mais baixa no khoa do norte vendido no distrito de Bhandara. A percentagem média do teor de proteínas no khoa oriental, ocidental, setentrional e meridional foi de 16,24, 16,88, 18,77 e 17,98. Os resultados relativos à percentagem média de proteínas diferem significativamente. O khoa do norte é significativamente superior (18,77) aos outros khoa.

5.2.4 Percentagem de cinzas

A percentagem de cinzas do khoa variou entre 3,4 e 4,25 por cento vendido no distrito de Bhandara, com uma média mais elevada de cinzas no khoa oriental e a mais baixa de 3,4 por cento de cinzas registada no khoa do norte vendido no distrito de Bhandara. A percentagem média de cinzas no khoa oriental, ocidental, setentrional e meridional foi de 4,25, 3,74, 4,09 e 3,4. Estas percentagens de cinzas revelaram diferenças não significativas, mas clarificaram as ideias sobre a superioridade do khoa do norte em relação aos outros khoa.

5.2.5 Sólidos totais em percentagem

O teor médio em percentagem de sólidos totais no khoa vendido no distrito de Bhandara variou entre 69,01 e 71,34. Verificou-se que o teor percentual de sólidos totais no khoa das regiões leste, oeste, norte e sul era de 71,20, 70,21, 69,01 e 71,34. As percentagens do teor de sólidos totais no khoa não apresentaram diferenças ou variações significativas em comparação com todas as regiões. O khoa do sul mostra superioridade com a percentagem mais elevada de sólidos totais em relação ao khoa do leste, do oeste e do norte.

5.2.6 Acidez titulável em percentagem

A acidez média por cento do khoa vendido no distrito de Bhandara variava entre 0,59 e 0,70. O teor de acidez significativamente mais elevado foi encontrado no khoa do sul e o mais baixo no khoa da região norte. A percentagem média significativa do teor de acidez no leste, oeste, norte e sul foi de 0,68, 0,68, 0,59 e 0,70, respetivamente. Assim, interpretou-se que o khoa do norte era superior aos outros.

5.3 Adulteração

Todas as 60 amostras recolhidas em diferentes regiões do distrito de Bhandara foram submetidas a um teste de iodo para detetar a adulteração do amido no khoa. O teste do iodo no khoa do norte só deu positivo numa amostra, enquanto as restantes 14 amostras deram negativo num total de 15 amostras. Mas nas restantes regiões, ou seja, nas regiões leste, oeste e sul, o khoa apresentou resultados positivos em 8, 5 e 11 amostras, respetivamente. Assim, nas regiões leste, oeste, norte e sul do khoa, havia amido adulterado em 8, 5, 1 e 11 das 15 amostras de khoa.

Conclusão

1. O perfil sensorial do khoa produzido e comercializado na região norte do distrito de Bhandara era melhor, com uma pontuação global de 87,23, e apresentava um sabor a nozes. No entanto, o khoa das regiões leste, oeste e sul tinha uma qualidade sensorial razoável, com uma aceitabilidade global de 83,02, 80,13 e 83,33, respetivamente, e apresentava um sabor ácido e a queimado, com uma textura dura devido ao sobreaquecimento e a uma maior raspagem e à presença de matérias estranhas visíveis.
2. A qualidade química do khoa produzido e comercializado na região norte do distrito de Bhandara era melhor do que a do khoa das regiões leste, oeste e sul do distrito de Bhandara.
3. Das 60 amostras provenientes de quatro regiões do distrito de Bhandara, o khoa da região norte foi bom no que respeita à deteção de adulteração com amido, em comparação com o khoa das regiões leste, oeste e sul.

Apêndice

Apêndice I Questionário de inquérito Data da visita Local:

Taluka/zona: Distrito:

1. Informações gerais.

a) Nome da loja :

b) Nome do lojista :

c) Idade :

d) Formação académica :

e) Rendimento :

2. Número de membros na atividade leiteira Homens: Feminino:

3. Experiência:

4. Qual o principal produto vendido no sector dos lacticínios?

5. Enumerar os vários produtos lácteos na sua loja?

6. Qual a quantidade de khoa vendida diariamente?

7. Preparam algum produto a partir do khoa não vendido?

8. Qual o tipo de khoa e o seu preço por litro de khoa vendido?

9. Qual é a sua expetativa relativamente à qualidade do khoa?

10. Qual é a fonte de abastecimento?

a) Caseiro b) Proprietário de leitaria c) De retalhista d) Grossista

11 Qual dos seguintes factores afecta o seu desempenho salarial global?

a) Custo de produção

b) Cumprimento do calendário de entrega

c) Falta de informação

12 Qual dos seguintes factores afecta a qualidade do khoa de acordo com a norma prescrita?

a) Qualidade do leite cru c) Falta de instalações de controlo

b) Modo de transported) Qualquer outro

13 Quais são as iniciativas de qualidade que estão a ser tomadas atualmente?

a) Teste do leitec) Produto final

b) Utilização de uma cultura melhorada d) Qualquer outro

14 Enfrenta dificuldades na implementação das iniciativas de qualidade acima mencionadas ? Sim / Não

15 Quais são os aspectos que requerem a qualidade do khoa?

a) Higiene e endurecimento do leite na fase de ordenha.

b) Higiene durante a recolha do leite.

c) Manuseamento do leite na receção.

d) Fascilidade do controlo de qualidade do leite cru.

16 Tempo necessário para a preparação de khoa

17 O que é a auto-vida do khoa?

a) À temperatura ambiente
b) À temperatura de refrigeração
18 Que tipo de método é utilizado para a preparação de khoa?
a) Tradicional
b) Melhorado
19 Que tipo de leite é utilizado para a preparação de khoa?

APÊNDICE- II

Cartão de pontuação para avaliação da aceitabilidade global do produto lácteo

A) Avaliação da qualidade pelo método do cartão de pontuação: Pal & Gupta

N.º Sr.	Atributos	Pontuação (%)	Fonte			
			Leste	Oeste	Norte	Sul
1	Aroma	45				
2	Corpo e textura	35				
3	Cor e aspeto	20				
	Total	100				

B) Utilizando a escala hedónica

N.º Sr.	Escala	Pontuação	Fonte			
			Leste	Oeste	Norte	Sul
1	Como extremamente	9				
2	Gosto muito	8				
3	Como moderadamente	7				
4	Como ligeiramente	6				
5	Nem gosto nem não gosto	5				
6	Não gosto ligeiramente	4				
7	Não gosto moderadamente	3				
8	Não gosto muito	2				
9	Não gosto muito	1				

Data:

Local: Nome e assinatura do juiz

APÊNDICE- III

Avaliação organoléptica do khoa vendido no distrito de Bhandara

1. Aroma

Atributos de qualidade	Fontes de Khoa	Forte noturno	Número da amostra				
			I	II	III	IV	V
Sabor (em 45)	Leste	I	40.40	41.30	39.20	39.06	40.30
		II	38.60	41.28	39.94	40.34	39.82
		III	40.60	41.62	40.95	41.09	40.94
	Oeste	I	38.82	37.01	36.91	38.25	37.14
		II	35.09	35.40	37.08	35.60	35.30

		III	36.00	36.46	40.00	34.96	40.63
	Norte	I	40.48	41.30	39.20	40.60	41.20
		II	39.40	41.50	40.20	39.84	41.94
		III	40.60	41.30	40.70	39.80	40.96
	Sul	I	37.53	35.23	36.60	36.00	38.20
		II	39.22	38.17	38.46	37.98	37.73
		III	37.20	38.03	38.54	38.10	37.83

2. **Corpo e textura**

Atributos de qualidade	Fontes de Khoa	Forte noturno	Número da amostra				
			I	II	III	IV	V
Corpo e textura (20)	Leste	I	30.81	331.40	30.87	29.80	31.36
		II	31.15	28.78	29.13	29.17	31.37
		III	31.25	30.23	31.29	29.30	31.29
	Oeste	I	30.43	27.66	28.66	27.76	28.20
		II	27.40	26.73	27.86	27.12	28.75
		III	28.26	29.40	28.40	29.70	27.75
	Norte	I	30.80	31.40	26.60	31.80	30.40
		II	30.91	31.24	31.87	29.46	31.19
		III	30.70	31.90	31.50	30.60	29.80
	Sul	I	25.13	26.83	25.61	24.60	29.78
		II	30.43	26.66	29.80	25.10	27.72
		III	28.85	28.68	29.95	27.46	29.86

3. **Cor e aspeto**

Atributos de qualidade	Fontes de Khoa	Forte noturno	Número da amostra				
			I	II	III	IV	V
Cor e aspeto (em 20)	Leste	I	16.80	15.25	15.75	16.10	15.87
		II	15.98	17.10	16.90	16.56	16.85
		III	17.10	15.75	15.40	16.35	16.10
	Oeste	I	16.73	16.46	17.30	17.86	17.96
		II	17.30	15.80	17.46	18.86	17.58
		III	18.60	18.50	16.80	17.10	16.75
	Norte	I	17.20	16.80	16.97	16.80	15.70
		II	17.50	16.86	16.76	17.10	16.73
		III	16.10	17.65	16.88	16.83	16.95
	Sul	I	16.30	16.10	16.90	16.40	17.00
		II	14.20	16.80	16.80	17.00	16.40
		III	15.70	15.60	16.36	15.74	16.00

4. **Aceitabilidade global**

Atributos de qualidade	Fontes de Khoa	Forte noturno	Número da amostra				
			I	II	III	IV	V
Aceitabilidade global (em 100)	Leste	I	83.43	79.23	79.62	77.80	77.52
		II	83.10	78.79	76.20	76.72	80.93

		III	82.33	83.56	82.75	84.98	83.10
	Oeste	I	85.91	87.36	86.87	86.89	86.10
		II	85.10	84.29	86.10	87.88	84.59
		III	87.12	87.11	86.04	85.81	88.43
	Norte	I	87.70	84.76	85.86	87.00	89.45
		II	87.24	87.44	84.85	87.10	88.00
		III	88.82	87.75	88.75	88.30	85.49
	Sul	I	82.12	80.02	82.86	85.05	85.36
		II	82.02	78.92	80.86	80.40	81.31
		III	81.27	83.10	80.58	79.76	81.50

5. **Avaliação organoléptica com base numa escala hedónica de 9 pontos**

Atributos de qualidade	Fontes de Khoa	Forte noturno	Número da amostra				
			I	II	III	IV	V
Avaliação organoléptica	Leste	I	6.90	7.10	7.20	6.90	7.10
		II	7.50	6.90	7.80	7.20	6.80
		III	6.90	6.80	7.60	7.10	7.20
	Oeste	I	8.10	7.80	7.10	7.20	6.90
		II	7.80	7.10	7.70	6.90	7.50
		III	8.20	7.10	7.90	7.30	7.10
	Norte	I	7.80	8.50	8.20	8.30	8.80
		II	7.90	8.10	8.30	8.75	7.80
		III	8.10	7.90	7.80	8.40	8.30
	Sul	I	6.50	7.20	6.20	6.90	7.10
		II	7.10	7.80	7.90	6.00	5.10
		III	6.10	6.90	7.10	6.80	6.70

APÊNDICE- IV

Composição química do khoa vendido no distrito de Bhandara 1. Humidade

Por cento Composição	Fontes de Khoa	Forte noturno	Número da amostra				
			I	II	III	IV	V
Teor de humidade	Leste	I	28.48	27.17	30.09	28.44	29.57
		II	29.94	27.87	27.94	30.26	28.90
		III	27.59	27.55	29.82	28.50	29.87
	Oeste	I	27.27	30.40	29.29	31.42	30.02
		II	27.29	30.20	29.31	32.29	31.80
		III	29.80	28.27	27.69	31.65	30.00
	Norte	I	28.76	32.88	30.56	31.68	32.69
		II	32.69	27.66	30.60	31.68	32.89
		III	31.78	30.58	31.32	29.46	29.60
	Sul	I	27.76	32.88	30.46	31.58	31.69
		II	29.35	23.16	30.60	24.25	27.89
		III	29.77	27.10	28.88	26.90	27.61

2. Gordura

Por cento Composição	Fontes de Khoa	Forte noturno	Número da amostra				
			I	II	III	IV	V
Gordura Conteúdo	Leste	I	23.50	23.80	23.10	24.10	25.45
		II	25.85	31.68	28.60	26.89	27.10
		III	23.67	18.90	24.10	24.70	19.10
	Oeste	I	24.10	27.70	24.80	26.23	25.70
		II	26.80	28.60	24.90	25.70	27.00
		III	26.00	29.70	23.28	26.57	24.00
	Norte	I	23.90	22.54	22.56	20.18	21.20
		II	25.00	24.70	24.60	26.32	25.80
		III	23.08	26.16	21.28	24.37	26.00
	Sul	I	30.40	29.80	30.68	28.87	30.99
		II	30.93	30.38	29.98	31.20	30.89
		III	28.01	29.76	33.32	30.93	31.78

3. Proteína

Por cento Composição	Fontes de Khoa	Forte noturno	Número da amostra				
			I	II	III	IV	V
Teor de proteínas	Leste	I	15.98	15.90	18.87	16.62	15.61
		II	16.79	15.52	16.35	15.42	16.05
		III	16.40	16.37	16.71	15.45	15.55
	Oeste	I	16.10	14.81	14.79	18.95	19.03
		II	17.19	16.87	16.76	17.02	15.14
		III	17.51	20.30	15.99	15.90	19.78
	Norte	I	17.68	21.67	15.98	16.75	16.17
		II	18.46	20.62	19.40	22.85	17.90
		III	18.40	19.20	17.95	19.48	19.10
	Sul	I	16.54	16.27	17.86	16.67	17.15
		II	17.62	18.60	18.10	18.67	19.95
		III	18.60	18.10	18.57	19.26	17.72

4. Cinzas

Por cento Composição	Fontes de Khoa	Forte noturno	Número da amostra				
			I	II	III	IV	V
Cinzas	Leste	I	3.92	4.10	3.57	4.25	4.85
		II	4.07	3.78	3.67	4.22	4.33
		III	4.60	5.35	4.30	4.71	4.10
	Oeste	I	4.20	4.10	4.12	3.75	4.15
		II	3.25	3.50	3.62	4.35	3.29
		III	3.90	2.96	3.47	3.36	4.10
	Norte	I	3.90	3.88	3.73	3.82	4.28
		II	4.85	4.95	4.55	3.23	4.98
		III	3.70	3.85	3.87	3.10	4.72
	Sul	I	3.24	3.10	3.86	4.10	3.55

		II	3.42	3.27	2.95	4.23	2.89
		III	3.17	3.15	2.97	3.77	3.35

5. Sólidos totais

Por cento Composição	Fontes de Khoa	Forte noturno	Número da amostra				
			I	**II**	**III**	**IV**	**V**
Sólidos totais Teor	Leste	I	71.52	72.83	69.91	71.56	70.43
		II	70.06	72.13	72.06	69.74	71.10
		III	72.41	72.45	70.18	71.50	70.13
	Oeste	I	72.73	69.60	70.71	68.58	69.98
		II	72.71	69.80	70.69	67.71	68.20
		III	70.20	71.73	72.31	68.35	70.00
	Norte	I	71.24	67.12	69.44	68.32	67.31
		II	67.31	72.34	69.40	68.32	67.11
		III	68.22	69.42	68.68	70.54	70.40
	Sul	I	72.24	67.12	69.54	68.42	68.31
		II	70.65	76.84	69.40	75.75	72.11
		III	70.23	72.90	71.12	33.10	72.39

6. Acidez titulável

Por cento Composição	Fontes de Khoa	Forte noturno	Número da amostra				
			I	**II**	**III**	**IV**	**V**
Acidez titulável Teor	Leste	I	0.67	0.66	0.68	0.70	0.68
		II	0.69	0.68	0.68	0.70	0.67
		III	0.70	0.71	0.72	0.68	0.67
	Oeste	I	0.68	0.71	0.70	0.72	0.70
		II	0.65	0.66	0.70	0.68	0.67
		III	0.69	0.70	0.68	0.68	0.69
	Norte	I	0.58	0.60	0.59	0.61	0.59
		II	0.55	0.58	0.57	0.59	0.61
		III	0.59	0.60	0.61	0.62	0.60
	Sul	I	0.67	0.68	0.69	0.70	0.77
		II	0.70	0.69	0.72	0.71	0.73
		III	0.70	0.71	0.72	0.74	0.75

Referências

A.O.A.C. 1990. Método oficial de análise, (15th edn). Association of official analytical chemist, Washington O.D.C. 811-123.

Aggrawal, A.C. e R.M. Sharma. 1961. Laboratory manual of milk inspection, 4th Edn. Asian publication House Bombay.

Alauddin, S., 2012. Food Adulteration and Society (Adulteração de alimentos e sociedade). Análise da investigação global. 1 (7).

Aneja, R.P. 1992. Traditional milk specialities: A survey Dairy India- 1992. A-25 priyadarshani Vihar. Delhi: 275.

Aneja, R.P. 1997. Traditional Dairy delicious. a compendium, Dairy Indian year book, 1997: 371-386.

Aneja, R.P., B.N. Mathur, R.C. Chandan e A.K. Barejice. 2002. Technology of Indian milk products, year book 2002, Dairy India publication New Delhi-110094, India: 10-11.

Anónimo, 2012 - 2013. Relatório Anual 2012 - 2013, Conselho Nacional de Desenvolvimento do Setor Leiteiro,

Anónimo, 2012 - 2013. Site da FAO e do Conselho Nacional de Desenvolvimento do Leite. www.fao .org/agriculture/dairy-gateway/milk-production.

www.nddb.org/English/Statistics/pages/Milk-production.aspx.

Anónimo, 2013 - 2014. Artigo dos jornais The Hindu e The India Times.http://www.thehindu.com/business/Industry/milkproductionris esto140milliontonnesin2013-14/article6085584.ece.

http://articles.economictimes.indiatimes.com/2014-06- 26/news/1 milk-production-national-dairy-plan-nddb.

Bajaj, S. J., Y. D. Deshmukh, A. L. Shirfule, K. P. Deshmukh, P. D. Satav, 2013. Avaliação da qualidade do khoa comercializado na cidade de nanded. Jornal Internacional de Química Verde e Herbal. Vol.2 (3): 660664.

Banjare, K., M. Kumar, B. K. Goel, S. Uprit. 2015. Estudos sobre caraterísticas químicas, texturais e sensoriais de amostras de Peda de mercado e laboratório fabricadas na cidade de Raipur, em Chhattisgarh. Oriental J. Chem. 31 (1).

Boghra, V. R., O. N. Mathur. 1991. Qualidade química de alguns produtos lácteos indígenas comercializados.II. Composição mineral do khoa. Journal of Food Science and Technology (Mysore). 28 (1): 59-60.

Boghra, V. R., O. N. Mathur. 1996. Estado físico-químico dos principais constituintes do leite e dos minerais em várias fases da preparação do khoa. Indian. J. Dairy Sci. 49 (4): 286-291.

Chavan, K. D. e M. B. Kulkarni, 2007. Influência da radiação solar e do aquecimento por micro-ondas na qualidade microbiológica, química e sensorial

do khoa fresco, Asian Journal of Bio Science. 2: 1/2, 96-101.
Dande, K. G., S. M. Gaikwad, e S. A. K. Mushtaq. 2011. Utilização da energia solar na desidratação do leite e no fabrico de Khoa, African Journal of Food Science. 5: 15, 814-816.
Dastur, N.N. e A.G. Lakhani. 1971. Composição química do khoa. Indian J. Dairy Sci. 8 (2); 61.
De, S. 1980. Outlines of Dairy Technology. Oxford Uni. Press. Nova Deli: 392-516.
De, S. 2008. Outlines of Dairy Technology. Oxford Uni. Press. Nova Deli: 35
Gate, K. D. 2013. Qualidade do khoa vendido na cidade de Wardha. Tese de mestrado (não publicada) Dr. PDKV. Akola.
Ghatak, P.K. e A.K. Bandopadhay. 1989. Chemical quality of khoa marketed greater in Calcutta. Indian J. Dairy science 42 (1): 123-124.
Ghodekar, D.R., A.T. Dudhani e B. Rangamathan. 1974. Microbiological quality of Indian milk product. J. milk and food tech.37 (3): 119-122.
Gothwal, P.P. e I.C. Shukla. 1995. Effect of refined wheat flour (Maida) and sugar on the brownig of milk. Khoa e doces à base de khoa. J Food Sci. Tech. 32 (4): 301-304.
IS: 1165. 1967. Especificação padrão indiana para leite em pó (integral e desnatado). Indian Standard Institution, Manak Bhavan, Nova Deli.
IS: 1479 (Parte I).1960. Método de teste para a indústria de lacticínios. Exame rápido do leite. Indian Standard Institution, Manak Bhavan, Nova Deli.
IS: 1479 (Parte II).1966. Método de ensaio para a indústria de lacticínios. Análise química do leite. Indian Standard Institution, Manak Bhavan, Nova Deli.
IS: 1981. Handbook of food analysis in SP- 18 part XI. Bureau of Indian Standards, Manak Bhavan, Bahadurshah Zafar Marg, Nova Deli:1.
Kakade, N. B., V. G. Atkare, S. R. Kute, N. N. Humane, P. N. Ingle. 2013.
Estudo físico-químico do khoa vendido na cidade de Nagpur. J. Soils and Crops. 23 (1): 111-115.
Kala, A. L. A. 2012. Um levantamento da composição lipídica de amostras de Khoa em relação a possíveis adulterações. International Journal of Dairy Technology. 65: 3, 444-450.
Karale S.D. 2000. Qualidade química em relação ao prazo de validade de Khoa preparado a partir de leite de vaca com elevada acidez. Tese de mestrado não publicada apresentada ao Dr. P.D.K.V. Akola (M.S).
Karthikeyan, N. e C. Pandiyan, 2013. Qualidade microbiana de doces de leite à base de Khoa e Khoa de diferentes fontes. Jornal Internacional de Investigação Alimentar. 20 (3): 1443-1447.

Kulkarni R.V e A.S. Hembade. 2010. Qualidade sensorial do khoa tradicionalmente preparado no distrito de Beed (MS). Revista Internacional de Investigação. 1 (7): 10-11.

Kulkarni, R. V. e A. S. Hembade, 2012. Prazo de validade do khoa preparado no distrito de beed do Estado de Maharashtra, Journal of Dairying, Foods and Home Sciences. 31 (3): 173-175.

Kumar, G e M.R. Srivasan. 1982. Um estudo comparativo sobre a qualidade química de três tipos de khoa. Indian J.Dairy Sci. 35 (1): 56-61.

Kumar, S. 2014. Efeito da incorporação de soro de leite concentrado e hidrolisado com lactose na qualidade sensorial do khoa. Indian J. Dairy Sci. 67 (4).

Kurand, M. S., R. R. Shelke, S. G. Gubbawar e S. P. Nage, 2011. Qualidade do khoa vendido no distrito de washim. Jornal de investigação em ciência alimentar. 2 (2): 200-204.

Maheshkumar, 2010. Atualização das tecnologias de produção e preservação de Khoa. S-JPSET. Vol. 4 (1): 37-47.

Moulick, S., P. K. Ghatak, A. K. Bandyopadhyay. 1996. Um estudo comparativo sobre a qualidade do kalakand fabricado no mercado e em laboratório. Indian J. Dairy Sci. 49 (6): 406-412.

Narain, N e G.S. Singh. 1981. As qualidades do khoa comercializado na cidade de Varanasi. . Indian J. Dairy sci. 34 (1): 91-93.

Nasir, N.M., Narayanswamy , J.S. Sandha e K.V. Nagaraja. 1987. Conteúdo de lactose: Um fator para distinguir os doces à base de channa e khoa. J. Food Sci. Tech. India 24 (30): 145-146.

Nelson, J. A. e G. M. Trout. 1964. Judging dairy product 4th Edn. The olesen publishing Co. Milwankee official method of analysis chemist. Washigton.

Pal, D., e S. K. Gupta, 1985. Sensory evaluation of Indian milk products. Indian Dairyman. 37 (10): 465-467.

Patel, A. A., G. R. Patil, F. C. Garg e G. S. Rajorhia. 1992. Textural characteristics of market samples of Gulab-jamun. Indian J. Dairy Sci. 45 (7): 356-359.

PFA. (2005). Lei de Prevenção da Adulteração de Alimentos (1954) e Regras, 1955 (com alterações). Universal Law Publishing Co. Pvt. Ltd. por Ansal Dilkhush Industrial Estate, Nova Deli.

Rajorhia, G. S., Dharam Pal, F. C. Garg e R. S. Patel. (1990). Effect of quality milk on chmical, sensory and rheological properties of khoa. Indian J. Dairy Sci. 43 (2): 220- 224.

Rajorhia, G.S. e M.R. Shrinivasan. 1979. Technology of khoa - A review Indian J. Dairy Sci. 32 (1-4): 209.

Ramzan, M e Riaz - Ur.Rahaman. 1973. Efeito do tempo de armazenamento e da temperatura na qualidade do leite de vaca khoa. Pakistan J. Sci. 25 (4/6): 149-154.
Rao, L. V., M. Ranganadham e B. V. R. Rao. 2004. Qualidade do leite e dos produtos lácteos comercializados na cidade de Hyderabad. Parte II Qualidade química dos produtos lácteos. Indian J. Dairy Sci. 57 (3): 171-176.
Sharma R. 2006. Production, Processing and quality of milk products. Publicado por "International Book Distribution Company" Luckhnow, (U.P.), Índia.
Sharma Vivek, Sumit Arora, Des Raj, Moti Ram e Kamal Kishore, 2005. Incidência de adulteração de amostras de paneer e khoa recolhidas em alguns estados do Norte da Índia. Indian J. Dairy sci. vol. 58 (6):444-445.
Sharma, A.K. e G.S. Lavanta. 1987. Qualidade do khoa vendido no mercado de Baraut. Asian J. Dairy research 6(1): 17-20.
Sharma, U.P. e I.T. Zariwala. 1978. Inquérito sobre a qualidade dos produtos lácteos em Bombaim. J Food Sci. Tech.15 (3); 118-121.
Shete, S. M., B. K. Pawar, D. M. Choudhari e B. D. Patil. 2011. Qualidade sensorial de diferentes tipos de burfi vendidos no mercado de Ahmednagar. Food science research J. 2 (1): 80-82.
Shintre, M. C. 2005. Qualidade química do khoa vendido na cidade de Akola. Tese de mestrado (não publicada) Dr. PDKV. Akola.
Singh V. P., A. K. Sharma, P. K. Singh. 2003. Avaliação da qualidade do khoa comercializado na cidade de Agra. J. Dairying Foods and Homes Sciences. 22 (1): 71-73.
Srivastva, S. M. 1993. Milk and its products. Kalyani Publ. Nova Deli: 151.
Verma, R. D. e A. K. Dodeja, 2000. Desenvolvimento de equipamento para o fabrico de produtos lácteos indígenas. Indian Dairyman. 10: 2325.
Viajayalakshmi, R. e Murugesan Tamilarasi. 2001. Prazo de validade e qualidade microbiológica de produtos lácteos selecionados. Journal of Food Science and Technology (Mysore). 38: 4, 385-386.
Yawale, P. A. e K. Jayaraj Rao. 2012. Desenvolvimento de uma mistura de gulabjamun à base de pó de khoa. Indian J. Dairy Sci. 65 (5).
Zariwala, I.T., V.P. Sharma e K.S. Gaikwad. 1974. Estudo de mercado sobre a qualidade química do khoa em Bombaim. Indian J. Dairy Sci. 27 (1): 76-78.

Printed by Books on Demand GmbH, Norderstedt / Germany